国際環境政策

長谷敏夫 著

時潮社

はしがき

　国際社会の環境に関する取り組みの分析を試みたのが本書である。
　私は東京国際大学の国際関係学部で「国際環境論」、大学院で「世界環境論」の授業を担当してきた。これら授業の中で地球的規模の環境問題を国際関係論の視点から考察してきた。また人間環境問題研究会で40年にわたり環境問題を共同で研究する機会に恵まれた。加藤一郎、森島昭夫、野村好弘、宇都宮深志、橋本道夫諸先生の学問的雰囲気に直に触れる事ができた。
　これらの経験から国際環境政策論の構築を試みたのが本書である。国際機構論、国際環境法を柱にして国際環境政策を考察する試みである。
　本書は、三部構成を取る。第一部は、地球的規模の環境問題を取り上げる。海洋汚染、酸性雨、砂漠化、熱帯林、生物多様性、オゾン層の穴、気候変動、遺伝子組み替え食品、有毒化学物質、放射能の問題10項目を叙述する。
　第二部では組織論の観点から問題を分析した。国際社会、国連の取り組み、企業、NGO、貿易と環境、国際環境法の発展を検討する。
　第三部は環境問題を考える為の思考的枠組みを考えたい。「持続可能な発展」、「共通だが差異ある責任」、「予防原則」、「環境倫理」、「環境研究」についての考察である。
　2011年3月11日の深刻な福島第一原発事故を目撃した。もはや沈黙は許されず、環境政策を再構築しなければならないとの自責の念に駆られている。人間は目先の利害に捕われ、直ちに生き方を変える事はできない。日々の生活に流されて生きているのが常である。しかし、危ないものは危ない。
　科学技術が大量殺戮兵器に応用され同時に民生用に用いられて来た。原子力エネルギーの利用はその一つの例である。この事が人類の生存に大きな脅威となっているのではないかとの思いにとらわれている。4基の原子炉をつぎつぎに爆発させ、地球と生物を大量に被爆させ続けている福島第一原発事故を強く意識しつつ本書を放射能に苦しむ人々に捧げる。
　人は地球に詩的に住まうとヘルダーリンは歌った。地球にいかに住めばよ

いのかを問うのが環境論であり、本書はその試みの一つである。

　動物の挿絵はイラストレーター桐谷望美の作品である。表紙の絵はFrederic Sapey-Triompheの好意による。En Remerciant Frédéric et Emma Pour le Dessin de la Terre.

　この本を龍ヶ崎に眠る佐賀啓男に捧げる。佐賀はICU第一男子寮で詩人となり、2014年2月15日肺炎のため与謝蕪村の俳句の世界へと旅立った。

　本書の刊行を積極的に促してくださった時潮社の相良景行社長に感謝します。

　　2014年3月25日　　　　　　　　　　　　　　　　　　長谷敏夫

国際環境政策

——目 次——

はしがき …………………………………………………………… 3

第一部　問題群

第1章　海洋環境の保護 …………………………………… 13
1．船舶による汚染　13
2．有害物質の海洋投棄を禁ずる条約　15
3．地域的海洋環境保全条約　15
4．国連海洋法条約によるもの　16
5．アジェンダ21　17
6．深海海底開発　17
7．捕鯨を巡って　18

おわりに　19

第2章　酸性雨 ……………………………………………… 21
1．足尾銅山の鉱毒事件　21
2．ロンドンスモッグ　22
3．中国　22
4．長距離越境大気汚染防止条約　23
5．ドイツ　24
6．米国とカナダ　24

第3章　オゾン層の穴 ……………………………………… 27
1．国際的規制へ　27
2．日本の対応　28

第4章　気候変動 …………………………………………… 31
1．国際的合意への道　31
2．IPCC　32
3．温暖化防止条約の締結交渉とリオ地球サミット　33
4．国連気候変動枠組み条約の成立　34
5．京都議定書以降　35

第5章　砂漠化 …………………………………………………………………37

　1．砂漠化への取り組み　37
　2．国連砂漠化会議　37
　3．砂漠化防止条約の成立　38

第6章　熱帯雨林の消滅 ………………………………………………………41

　1．熱帯林の減少　41
　2．アマゾン　41
　3．サラワク　42
　4．ITTO（国際熱帯木材機関）の設立　44
　おわりに　44

第7章　生物多様性の保護 ……………………………………………………47

　1．特に水鳥の生息地として国際的に重要な湿地に関する条約（ラムサール条約）　47
　2．絶滅の危機に瀕する野生動植物の種の国際取引に関する条約（ワシントン条約）　48
　3．世界遺産条約　49
　4．移動性動物種の保全に関する条約（ボン条約）　49
　5．生物多様性に関する条約　49
　6．南極条約環境保護議定書　51

第8章　遺伝子組み換え食品の生産と貿易 …………………………………53

　はじめに　53
　1．牛成長ホルモン（BST）　53
　2．米国政府の攻勢　55
　3．WTOへの提訴　56
　4．OGM推進論　57
　5．反対論　57
　6．日本のOGMの輸入　59
　おわりに　60

第9章　有毒化学物質の国際的規制 …………………………………………63

　1．バーゼル条約　63
　2．バマコ条約　64
　3．ロッテルダム条約　65
　4．ストックホルム条約（残留性有機汚染物質に関するストックホルム条約）　66
　5．水銀に関する水俣条約　67

おわりに　67

　第10章　原子力エネルギーと環境 …………………………………71
　　1．原子力発電所の日常運転　72
　　2．温排水　73
　　3．核廃棄物の処理　73
　　4．事故　75
　　5．コストについて　77
　　6．原発は続くのか―ドイツ、イタリア、オランダ、ベルギーの脱原発と対照的な日本の継続政策　78
　　7．新規原発の建設、輸出　79
　　8．使用済み核燃料再処理工場ともんじゅの維持　80

第二部　組織的対応

　第11章　地球環境と国際関係 …………………………………………85
　　はじめに　85
　　1．環境外交の展開　85
　　2．開発途上国の主張　86
　　3．国連専門機関の活動　86
　　4．ストックホルム会議　88
　　5．国連環境計画の設立　88
　　6．環境外交の攻勢化　89
　　7．リオ会議の開催へ　91
　　8．南北問題と環境　92
　　おわりに　93

　第12章　国連環境組織 …………………………………………………97
　　1．環境問題と国際組織　97
　　2．ストックホルム会議による組織の形成　98
　　3．ストックホルム会議から20年　101
　　4．環境組織の再編　102
　　5．国連環境組織の特質　106
　　おわりに　109

　第13章　NGO ……………………………………………………………113
　　1．国際的環境NGOについて　113

2．国際的環境会議とNGO　117
　　3．NGOと国際的環境問題　119
　　4．国際政治におけるNGOの評価をめぐって　120

　第14章　企業の対応 …………………………………………123
　　1．企業による環境汚染に対する賠償　124
　　2．企業による環境管理制度へ　125
　　3．拡大する環境商品市場　128
　　4．結論　130

　第15章　貿易と環境 …………………………………………133
　　1．自由貿易論　133
　　2．自由貿易論に対する反論　133
　　3．途上国の累積債務　135
　　4．WTO（世界貿易機関）の成立　135
　　5．環境と貿易をめぐって　136

　第16章　国際環境法の発展 …………………………………139
　　はじめに　139
　　1．国際環境法の歴史的展開　140
　　2．国際環境法の形成過程と適用過程　143
　　3．国際環境法の諸原則　144
　　おわりに　147

第三部　思考的接近

　第17章　持続可能な発展 ……………………………………155
　　1．ストックホルム会議提案の中で　155
　　2．ストックホルム会議　156
　　3．UNEPの取り組み　157
　　4．ブルントラント委員会（環境と開発に関する世界委員会）　157
　　5．持続可能な発展　158
　　6．国際司法裁判所の判断　163
　　7．ヨハネスブルグ―持続可能な発展にかんする首脳会議（サミット）　163
　　8．リオプラス20（持続可能な発展に関する国連会議）　163
　　おわりに　163

目 次

第18章　予防原則の発展について …………………………………………165
　　はじめに　165
　　1．国際法における予防原則　166
　　2．ヨーロッパ連合法における予防原則　169
　　3．フランス国内法における予防原則　171
　　おわりに　173

第19章　環境倫理 …………………………………………………………177
　　1．ディープ・エコロジー　177
　　2．ある環境倫理の主張―槌田劭　182
　　3．ハイデガーと地球　185

第20章　環境研究について…………………………………………………189
　　はじめに　189
　　1．研究の始まり　189
　　2．各専門分野での取り組み　191
　　3．環境教育への挑戦　194
　　おわりに　195

第一部　問題群

第1章　海洋環境の保護

　日本は最大の魚介類の輸入国であり、石油、ガスをタンカーにより輸入し、クジラを捕り続け、原子力発電所の出す温排水で海を暖め続け、プルトニウムを海上輸送し、干潟を埋め続けている。日本と海とのかかわり合いは大きい。

　海洋汚染は古くから国際法のうえでもとりあげられてきた。最近では津波によるがれき、捨てられたプラスチック、原子力発電所の温排水、原発事故による海の放射能汚染（福島）、深海底の開発による汚染が大きな問題となっている。

1．船舶による汚染

　船舶による海洋の汚染は、第一世界大戦後既に問題として認識されていた。石油の需要が増え、海上輸送がさかんになって来たからである。1922年英国は、Oil in Navigable Waters Act of 1922を成立させ、航行中の船舶による油の排出を禁止した。(1)国際連盟やアメリカ政府主催による国際会議が開かれた。

　海洋の油による汚染の損害が明白になり、放置することができなくなった。先進海運国であった英国は、油濁がもはや国内法のみで防止できず、国際法を通じて防止しなければならないと判断した。1954年、英国は主要海運国をロンドンに招請して油濁防止のための外交会議を開催した。(2)ロンドン会議は、全世界の船舶の総トン数の95%が代表されていた。(3)この会議で、「船舶による油の排出規制に関する」条約を採択することに成功した。

　「1954年の油による海水の汚染防止のための国際条約」は、締約国にその管轄する船舶の規制を義務づけた。船舶からの油の排出を禁止し、油記録簿の公式の航海日誌の一部として備えること、違反の場合は、船舶所属国が法令により処罰する。この条約は1958年発効、日本は1967年に加入した。

　1958年、政府間海事協議機関（IMCO）が設立され、1954年の油濁防止条

第一部　問題群

約の事務局となった。IMCOは、1982年、IMO(国際海事機関)と改称。

　1967年3月18日、リベリア船籍トリーキャニオン号(6万トン)が英仏海峡の公海上で座礁し、11万8千トンの原油を流失した。コンウォールの海岸を油で汚染した。この事件が国際法の不備を示したとして、IMCOはこの問題の法律的側面を検討するために、1969年、ブリュッセルで法律会議を開いた。そこで、「1954年の油濁防止条約」の改正と、「油濁損害に関する民事責任条約」と「油濁損害の場合における公海上の介入に関する国際条約」を採択した。さらに、1971年IMCO加盟国は、「油濁損害の補償のための国際基金設立条約」を結んだ。船主に負わされている油濁損害の補償の負担を軽くするための条約である。

　「1973年の船舶による汚染のための国際条約」(マールポール条約)は、油その他の有害物質を船舶から投棄することを規制すべく締結された。油、油性混合物(付属書1)、油以外のバラ済み有害液体(付属書2)、容器に入った有害物質(付属書3)、汚水(付属書4)、廃棄物、ゴミ、プラスチック(付属書5)、大気汚染物質(付属書6)が規制の対象である。本条約は1954年の油濁防止条約に取ってかわるものである。しかし、この条約は、厳しすぎて発効していない。そのため、付属書2の適用を免除する議定書を1978年に採択、この条約の適用をしている。[(4)]

　油以外の損害に対する補償については、1996年、「有害および有毒物質の海上輸送の際の賠償責任および補償に関する国際条約」が採択された。油濁損害の場合の民事責任条約をモデルとしている。約6,000種の有害物質を対象にしているが、その定義はマールポール条約に従っている。

　油濁事故の際の国際協力を定めたのが、「油濁事故対策協力条約」である。船長は、事故の際、報告と通報を義務づけられている。また、締約国は相互に油による汚染事故の対応するために、援助を提供する。1995年5月に発効した。

　このように石油の海上輸送、タンカー規制から汚染対策が始まり、IMCO(後のIMO)が生まれるとそこを窓口として、船舶に対する海洋汚染対策をこうじてきた。規制物質は、石油から有害物質に規制が進んだ。事故の際の

沿岸国の介入を認めたり、損害を補償する制度の整備が進んだ。

2. 有害物質の海洋投棄を禁ずる条約

1971年10月、ドイツ、ベルギー、デンマーク、スペイン、フィンランド、英国、フランス、アイスランド、ノルウェー、オランダ、ポルトガル、スウェーデンの12ヵ国は、北海および北東大西洋を範囲とする、「船舶、航空機による海洋投棄を防止する条約」を締結した（オスロ条約）。このオスロ条約は、1992年に「北東大西洋海洋環境保護条約」が発効したので効力を停止した。

オスロ条約と同様の内容を有する全世界的な、「廃棄物その他の物質の投棄による海洋汚染の防止に関する条約」（ロンドン条約）1972年11月、91ヵ国の参加を得て、ロンドンで合意された。この条約締約国会議（1993年）で、すべての放射性廃棄物を海洋に投棄することを禁止した。ロシアによる日本海での低レベル放射性廃棄物の投棄がグリーンピースにより暴露された事件を受けての動きであった。1996年には「1996年議定書」を採択、原則としてすべての有害物質の投棄を禁止した。例外として、個別の許可による投棄は認められる。許可にあたっては、海洋環境に関する影響評価が義務づけられる。

有害物質の投棄を禁止するという行為の規制により海洋環境を守るというのがこれらの条約の特質である。

3. 地域的海洋環境保全条約

1970年ごろから、閉鎖性海域に置ける海洋環境汚染が深刻化して1972年のストックホルム人間環境会議では、海洋汚染を取り上げ議論した。1974年にパリで、「陸上源からの海洋汚染の防止のための条約」は12のヨーロッパ諸国とECが署名した。北海、大西洋、北極海の一部の海域を対象にした。さらに、「バルト海海洋環境保護条約」が沿岸7ヵ国間で結ばれた。

1973年に生まれた国連環境計画（UNEP）は、地域的海域の環境保護のための条約締結に貢献した。UNEPの働きかけにより各海域の環境保護条約が成立した。1976年の地中海汚染防止条約がその始まりである。船舶、航空機による投棄、大陸棚、海底からの汚染防止、陸上起源から生じる汚染を防

止を目的としている。地中海汚染防止条約が先例となり、下記の条約が結ばれた。
- （1）ペルシャ・アラビア湾海域：クウェート条約、1978年
- （2）ギニア湾（西・中部アフリカ）：アビジャン条約、1981年
- （3）南東太平洋：リマ条約、1981年
- （4）紅海：ジェダ条約、1982年
- （5）カリブ海：カルタヘナ条約、1983年
- （6）インド洋：ナイロビ条約、1985年
- （7）南西太平洋：ノーメア条約、1986年
- （8）北東大西洋海洋環境保護条約、1992年
- （9）バルト海海洋環境保護条約、1992年

　UNEPの後援で成立したこれらの条約は、陸上起源の汚染の防止の規定を有するが、詳細な規定は後で議定書の形で定めるとしている。「地中海汚染防止条約」の1980年締約国会議では、「陸上起因汚染からの地中海の保護のための議定書」を採択した。アルバニア、シリア、ユーゴスラビア（当時）をのぞく15ヵ国とEECが合意した。汚染防止計画が作られ、UNEPが資金援助している。1991年に地球環境基金が設立されたが、この基金は、国際的海域の保護のための資金を提供している。

4．国連海洋法条約によるもの

　1994年に発効した国連海洋法条約は、第12部『海洋環境の保護および保全』（192条から237条）に環境保護の規定を置いている。第192条で「いずれの国も、海洋環境を保護し、および保全する義務を有する」と規定した。その上で、海洋汚染源を陸上起源、海底、深海底、投棄、船舶、大気と分類した。
　陸上起源の海洋汚染にたいしては、第207条2項で「いずれの国も、陸上源からの海洋汚染を防止するため、軽減しおよび規制するための必要な他の措置をとる」との規定を置いた。陸上起源の汚染が海洋汚染の70％を占め、毒性、残留性、生物濃縮性において深刻な問題を起こしているからである。

海底については、国の管轄下で行う開発活動に対して各国家が汚染の防止をはかるべきと規定する。深海底の開発から生ずる汚染に対しては、深海底機関が管轄権を有すると規定した。投棄については、いずれの国にも投棄による汚染を防止するための法令を制定すべきことを定める。船舶については、権限ある国際機関が、外交会議を通じて船舶からの海洋汚染を防止するための国際的な規則を定めるとしている。大気起源の汚染についても、権限ある国際機関、外交会議を通じて、いずれの国も対策を取ると規定する。

1997年に開催された、IMO主催の会議で海洋汚染条約（マールポール条約）付属書4を採択し、船舶の燃料油は硫黄分4.5%以下のものでなければならないと規定した。バルト海では1.4%以下と規定する。

国連海洋法条約上は、入港国にも船舶の管理権を認め、海洋汚染、安全、労働についての諸条約の規制の実施のための取り締まりの強化をはかった。

5．アジェンダ21

1992年、リオでの地球サミットで採択されたアジェンダ21は、海洋汚染の防止、生物資源保護、合理的利用、開発について第17章で詳細に規定した。海洋汚染防止には、国連海洋法条約の規定を生かして行動をすることを求めた。船舶による汚染の関する諸条約、議定書の幅広い批准と実施を求めている。汚染の監視を強化し、危険物質、核物質の海上輸送の規約の検討を促した。陸上起源からの汚染を防止するためにUNEP管理理事会に早急に会議を開くことを求めた。海洋投棄条約のより広い批准、実行を求めた。船舶の汚れ防止のため使用されている有機スズ化合物を含むペンキの問題を解決するよう求めた。

アジェンダ21は法律的拘束はないが、国際社会の合意を示した。対策を進める上で重要な役割を果たしている。海洋汚染防止のための条約の外交会議の合意を総合化し、全体的視野にたった提言をした。

6．深海海底開発

1994年11月16日に発効した国連海洋法条約は、海底を2つの区域に分けた。

第一部　問題群

　第1は、国家の管轄海域における海底活動からの汚染に対するものであり、第2は、国家の管轄を超える深海底における汚染問題である。深海海底開発については、国際海底機関が管轄権を行使するものと規定する。国際海底機関は、深海底における活動から生ずる有害な影響から海洋環境を守るために本条約に基づいて必要な措置をとると規定される。そのための規則、手続きを採択することができる（第145条）。海洋環境の汚染やその他の危険の防止、軽減と規制、および特にボーリング、浚渫、掘削、廃棄物の処分、これらの活動に関わる施設、パイプラインその他の施設の建設、運用、維持等の活動による有害な影響からの保護の必要性に対して特別の注意を払うべきことを規定した。

　国際海底機関の理事会（36ヵ国）は深海底における活動から生ずる海洋環境に対する重大な害を防止するために、緊急の命令を発し、また危険性のあることが明白な場合には、開発の契約を承認しないと規定する（第162条）。

　1977年に海底資源開発による損害責任条約が、ヨーロッパで結ばれた。北海の海底油田の開発は、深刻な汚染を引き起こしている。1995年、北海で、シェル石油が老朽化したブラントスパー（櫓）を大西洋に投棄する計画に対し、グリーンピースが直接行動に訴え、中止させた事例がある。

　2010年4月、メキシコ湾で、ブリテシュ・ペトロリアム（BP）の掘削する海底油田（米国の排他的経済水域）から、原油が3カ月にわたり460万バーレル漏れ、莫大な損害を出した。エクソン社バルディーズ号の原油流出の15倍の量であった。2011年の春、多数の海ガメ、イルカの死体が沿岸に打ち上げられた。

7．捕鯨を巡って

　日本は、南氷洋で、調査捕鯨の名目で、毎年1,000頭のクジラを捕獲している。日本の捕鯨船には、RESEARCHの文字が船腹に書かれている。1948年に発効した国際捕鯨条約、国際捕鯨委員会の決議に従った捕鯨活動である。締約国は、科学的研究のために、クジラを捕獲し、処理する特別許可を与えることができる。この許可は、委員会に通知しなければならない。

南極を捕鯨禁止区域とする国際捕鯨委員会の1994年の決議がある。

しかし、1,000頭のクジラを船団を組んで毎年捕獲し、商業ルートにのせてそれを販売している実態がある。客観的にみて調査捕鯨と主張するのは、無理があるのではないか。クジラを殺さなくても調査は可能なのではないか。

シーシェパードの複数の船が日本の捕鯨活動に対して、直接行動に出ている。オーストラリア政府は2010年、国際司法裁判所に日本の南氷洋に置ける捕鯨を国際法に反するものとして提訴し、2013年6月26日、口頭弁論が始まった。[7] 2014年3月に判決が下される見込みである。

おわりに

海洋汚染防止は、まず、船舶による油汚染に対する規制からはじまった。海運国を中心とした動きであった。国際海事機関を討論の場として、油以外の有害物質にも規制対象を広げた。また、船舶事故による汚染に対応するための措置、損害賠償規定をもうけた。次に海洋投棄に対する規制を進めた。放射性物質を海上処分することも禁止されるにいたった。陸上起源の海洋汚染に対する対策は、立ち遅れている。地域的環境保護条約により対応がはじまった。海底資源の開発による汚染が現実のものとなってきた。国際海底機関が生まれ、深海底の開発による汚染に対応することになった。

原子力発電所による大量の温排水や、放射能の海水汚染も深刻である。使用済み燃料、プルトニウムの海上輸送も深刻な問題を提起している。

注
（1）長谷敏夫「海洋油濁の国際法的規制」1971年ICU学士論文、p.4。
（2）The Times, April, 27, 1954.
（3）ibid.
（4）磯崎博司『国際環境法』信山社、2000年、p.9。
（5）Der Spiegel 19/2011, p.122.
（6）同上。
（7）www.nhk.or.jp,「どうなる調査捕鯨国際司法裁判所の行方」、2013.8.6。

第2章　酸性雨

　大気中には350ppmの炭酸ガスが存在している。これが降水に溶けると炭酸が生成され、降水は、5.6pHを示す。5.6pH以下の降雨を酸性雨と呼ぶ。石炭、石油による発電、自動車の排気ガスにより多量の二酸化硫黄や二酸化窒素ができ、これらが降水に溶け、硫酸、硝酸ができる為に酸性雨が降るのである。
　小雨、霧雨ほど酸性が強い。大気中に浮く硫黄酸化物、窒素酸化物は水蒸気と結びつきやすく硫酸ミストをつくる。
　酸性雨は日本全体に降っている。ヨーロッパ、カナダ並みの酸性雨が降っている。大都市、山奥を問わない。太平洋ベルト地帯が主要発生源である。関東平野、伊勢湾岸、大阪湾岸、瀬戸内海、北九州、室蘭などの固定発生源があり、また高速自動車道の拡張により自動車排気ガスによる被害が出ている。
　関東平野の杉枯れ、日光白根山のダケカンバの立ち枯れ、赤城山の白樺、丹沢山地のモミ枯れ、妙高高原の1930年に植林されたドイツトウヒの被害がみられる(1)。金属製品、銅葺きの屋根がぼろぼろになるなどの被害もある。1万年はもつと言われる日本刀が曇りやすく8年でぼろぼろになる被害もある。(2)
　中国、東南アジアの工業化、自動車の増加による海をわたる汚染も増えている。日本海沿岸、九州の東シナ海に面したところで、春先に強い酸性雨が観測されるのは、韓国、中国より飛んでくる物質のためである。(3)
　酸性雨による日本の被害が大きくないのは、降水量が多く、雨水が急速に海に流れることが原因と指摘される。(4) 降り始めの強い酸性雨も大量の雨で薄められるのである。雨が多いのに、大気中の湿度が低いこともある。日本の平均湿度は68%で、霧や煙霧が発生しにくいこともあるという。

1．足尾銅山の鉱毒事件

　明治18年（1885年）、栃木県足尾銅山を取得した古河鉱業（株）は近代的技

術を導入して銅の精錬を始めた。精錬所は二酸化硫黄ガスを排出、風により上流の松木村に流れ村の農作物を全滅させた。村人の生活を破壊した古河鉱業は、村の不動産を買収、村人すべてが土地を離れた。そのため人のいない土地で古河鉱業は遠慮なく銅の精錬を続けた。[5]

松木村の植物はすべて枯れ、岩肌が露出する土地となった。松木村を含む広大な土地は保水力を失い、下流の渡良瀬川に洪水を起こした。洪水は銅などのイオンを含む鉱滓を下流の農地に流し、農作物に被害を与えた。

下流の農民は反対運動を起こした。地元選出の衆議院議員田中正造は、これら農民の運動を応援し、ついに職を辞して明治天皇に直訴を試みた。明治政府は銅の生産を日本の産業発展のため不可欠としたので銅の生産をやめさせるどころか反対運動を弾圧し続けた。政府は洪水対策として下流の谷中村を沈めて、貯水池を作った。

1951年になり、古河工鉱業は脱硫装置を始めてつけたので、二酸化硫黄の排出は減少した。そして、1973年に操業を停止した。結果、広大な土地を荒廃させた。現在も周辺の土地で植林が続けられている。

2．ロンドンスモッグ

1880年、スモッグのためにロンドンで1,200人が死亡した。[6] 19世紀後半の英国は世界最大の大気汚染国であった。1952年の「殺人スモッグ」は12月7日の暗い日曜日ではじまった。スモッグのため、視界はきかず、自動車が大渋滞した。9日のスモッグは、町の中心から30kmに広がり、数カ月で4,000人が死亡した。雨のpHは、1.4〜1.9を示した。気管支炎、肺炎がおおく、老人と乳幼児がおおく犠牲となった。暖房のために家庭で石炭を焚いたので、その煙が逆転層のため上空に上がらず、地上にたれこめたのである。

3．中国

1980年代になると中国のSO_xの排出量は急激に増加した。石炭の消費拡大がその原因である。四川省を含む西南地域、華中7省で強い酸性雨が確認されている。[7] 大気汚染も深刻である。2013年1月から2月に、中国の大都市で

大規模なスモッグが発生した。交通機関が視界不良で止まり、旧正月のころには、おおくの人々の移動を妨げた。大気中にはPM2.5の粒子が含まれ、健康への影響が心配される。

　酸性雨の被害に国境はない。東アジア10ヵ国により東アジア酸性雨モニタリングネットワークが作られ、2001年から本格稼働している。このネットワークは、酸性雨の共同観測と研究を柱としている。[8]

4．長距離越境大気汚染防止条約

　スカンジナビア諸国は1950年頃から、英国、ドイツなどの工業諸国から飛んでくる汚染物質に悩んだ。ノルウェー、スウェーデンの南部の湖から淡水魚が減り、そして消えた。1967年スウェーデンではスバンテ・オデンが二酸化硫黄による湖沼の酸性化についての研究を発表していた。スウェーデン政府は解決策を求め、1972年のストックホルム人間環境会議でこの問題を提起した。[9]「国境を越える大気汚染－二酸化硫黄の場合」を会議に提出したが、主要工業国はこの問題を無視した。

　OECD内部でノルウェー主導でヨーロッパに置ける大気汚染物質の長距離移動および二酸化硫黄の研究がはじまった。1972年、OECDの大気汚染物質および二酸化硫黄の長距離移動測定のための技術協力プログラムに11ヵ国が参加した。このモニタリングプログラムは1977年、国連ヨーロッパ経済委員会に引き継がれた。1975年にヘルシンキで開かれた全欧州安全協力会議が、経済協力と環境を国連欧州委員会に委託することを決めたからである。

　1977年、国連ヨーロッパ経済委員では、ノルウェー、スウェーデン、カナダが酸性雨の原因物質の削減案を共同提案し、条約交渉がはじまった。[10]英国とドイツは反対した。条約交渉は2年かかった。1979年11月、ジュネーブの国連本部で、34ヵ国（アメリカ、カナダを含む）とECが「長距離越境大気汚染防止条約」に署名した。[11]

　この条約交渉開始（1977年）と同時に「長距離移動大気汚染物質モニタリング」が開始され、コンピューターモデルの結果、スカンジナビア諸国の被害が一目瞭然となった。

第一部　問題群

　この条約は、ストックホルムで採択された「人間環境宣言」第21条を引用し、各国が自国の管轄権内、またはその支配下の活動が、他国の環境や国際的領域に損害を与えないように措置を取る責任を明記した。ECに参加しているヨーロッパ主要国が参加したこの条約は、単なる宣言的規約からなる条約であり、努力目標が示されているに過ぎない。スカンジナビア諸国の主張は大きな圧力ではなかった。

　この条約に基づいてSO$_x$の具体的削減交渉が行われた。その結果ヘルシンキ議定書 (Protocol on the Reduction of Sulphur Emmissions or Their Transboundary Fluxes by at least 30 per cent) を採択した。21ヵ国が署名したが、ポーランド、英国、米国が署名を拒否した。93年までに80年の30％以上の削減を規定した。この議定書は、87年、16ヵ国が批准して発効した。このとき、オーストリア、ドイツ、スウェーデン、オランダは60％の削減を公約した。ヘルシンキ議定書は1994年国別の削減目標を規定したオスロ議定書により置き換えられた。

5．ドイツ

　1981年になり、Der Spiegel誌（11月16日）が酸性雨を特集、ドイツの森の枯死を報道した。[12] 5年でドイツの森が全滅するとの予測が載った。ドイツ国土の3分の1が森である。この報道は衝撃的でありドイツ政府はこの年より、酸性雨のデータを取り始めた。この頃ドイツは中距離ミサイルの配備を巡り揺れていた。緑の党が連邦議会に進出、政府は反核運動が緑の党と結びつくことを恐れた。その恐れから政府は森の死を防止する対策に力を入れた。大型焼却炉の規制、新設の火力発電所に脱硫装置の取り付けを義務づけるなどの対策をとり始めた。[13]

6．米国とカナダ

　ニューヨークのアデンダロック自然公園に原生林が広がる。海抜1,600メートルの所もある。そこにある湖では1960年頃から昆虫、魚がいなくなった。[14] 公園の40％が酸性雨の被害を受けている。ニューヨークの自由の女神もぼ

ろぼろになった。米国北東部を中心に東半分に酸性雨が広がっている。

　カナダのオンタリオ州、ケベック州の湖でも魚が減り、ノバスコシアの川を遡るサケが減少した。ケベック州のメイプルシロップの生産に影響が出ている。

　1970年代、米国の公害反対運動により、五大湖周辺の工業地帯は煙突を高くした。150メートル以上のものになり、カナダに汚染を拡大した。1984年カナダは米国に抗議するも、電力料金値上げを嫌う電力会社の抵抗で動かなかった。1985年になり、カナダは繰り返し対策を求めたので、両国間に「酸性雨の原因を究明する行動委員会」を設けることで合意した。1986年レーガン大統領は越境汚染の存在を認めた。1988年、カナダのオンタリオ政府は米国EPAの責任を追及し、米国の会社がカナダを汚染しているのを放置していると主張した。1989年ブッシュ大統領はカナダの公式訪問の際、マルルーニ首相との間で酸性雨交渉の開始に同意した。1991年の3月再びカナダを訪問したブッシュ大統領は「酸性雨に関する合意」に署名することで決着した[15]。

　1994年までに、1980年の水準にするとの約束をしたのである。しかし、条約には履行とモニタリングの条項がなかった。アリゾナ州、ニューメキシコ州はメキシコから来る精練所の汚染に対し抗議している[16]。

　1994年カナダ、アメリカ、メキシコ3ヵ国間で結ばれた北米自由貿易協定と同時に、環境協定が結ばれ環境が3ヵ国間で優先的に考慮されるべきことを定めた[17]。

注

　（1）石弘之『酸性雨』岩波新書、1992年、p.193〜194。
　（2）石弘之、同上、p.202。
　（3）谷山鉄郎、『恐るべき酸性雨』合同出版、1993年、p.15。
　（4）谷山鉄郎、同上、p.68。
　（5）神岡浪子『日本の公害史』世界書院、1987年、p.19。
　（6）石弘之、同上、p.33。
　（7）藤田慎一『酸性雨から越境大気汚染へ』成山堂、2013年、p.86〜87。
　（8）www.adorc.gr.jp, 2006年2月3日。

第一部　問題群

- （9）石弘之、同上、p.207。
- (10) 米本昌平『地球環境問題とは何か』岩波新書、1994年、p.200。
- (11) 米本昌平、同上、p.201。
- (12) 米本昌平、p.204。
- (13) 米本昌平、p.5。
- (14) 石弘之、同上、p.121。
- (15) J. Switzer, Environmental Politics, p.261, St. Martins Press, 1994, p.261.
- (16) J. Switzer, 同上。
- (17) Daniel C. Esty, "Economic Intergtration and Environemntal Protection", The Global Environment, 2nd Ed.CQ press, 2005, p.135.

第3章　オゾン層の穴

　地球はオゾン層に包まれている。地上20km〜50kmの高度にオゾン層が存在する。オゾン層は宇宙から飛んでくる紫外線を吸収し、地表に届く紫外線を半減させる。このオゾン層が薄くなり紫外線がより多く地表に届くようになった。オゾン層の１％が破壊されれば、紫外線量は２％増加、がん患者は５％〜７％増える。1980年代から９月〜10月になると南極の上空のオゾン層に大きな穴が観測され、ますます大きくなっている。1985年の英国のNature誌でフォーマン・ガーディの論文の「南極のオゾン層の大規模消失」が載り、フロンガスがオゾン層を破壊していることが明白となった。[1] NASAもこの事実を確認した。

　フロンによるオゾンの破壊は紫外線によりフロンの塩素分子が遊離し、この塩素がオゾンと結びついてオゾンを破壊する。オゾンを破壊するフロンは炭化フッ素のほかに、塩素を含むフロンである。CFCは、1928年、GMにより開発されデュポン社が生産してきた。化学的に安定し、燃えない、無害、有機質によく解ける特性があり、冷蔵庫、エアコンの冷媒、半導体の洗浄剤に使用されてきた。古い冷蔵庫から排出されたフロンは分解されず大気中を漂い、やがて成層圏に達する。そこでオゾン層を破壊するのである。

１．国際的規制へ

　1977年、UNEPがフロンガスの規制を提案した。1982年１月、規制のための枠組み条約を作る交渉が始まった。３年で８回の交渉会議を開き、1985年一般的な義務を規定した「オゾン層に関するウィーン条約」を採択した。オゾン層破壊の可能性のあるフロンについて適切な措置をとること、研究、観察、情報交換を規定した。このウィーン条約をもとに、具体的な規制を目的とする議定書の交渉が1986年12月に始まり、９カ月後、モントリオールで議定書を採択した。[2]

　この「モントリオール議定書」は８つのフロンについて合意した。この合

第一部　問題群

意は被害が出る前に措置をとらんとする最初の環境条約と言われる。

　各国の生産量、消費量を段階的に減らし最終的に凍結にもっていくのである。途上国については特例を認めた。議定書に加入していない国に対しては、(1)非締約国からの規制物質輸入禁止、(2)エアーゾル、冷蔵庫など規制物質を含む製品の輸入禁止、(3)非締約国の規制物質の生産利用のための技術の輸出禁止を決めた。

　モントリオール議定書は予定通り1989年発効した。1年以内に締約国会議を開くことが規定されていたので、その後の毎年締約国会議を開き、条約の内容が改訂されてきた。

　第1回の締約国会議は、1989年ヘルシンキで開催されたが、フロン、ハロンの全廃を宣言した。オゾン層の穴が著しく大きくなってきたからである。

　交渉ではフロンの消費、生産国の西側諸国の対立が見られた。これはトロントグループが交渉を指導した。急速な規制を主張したのである。米国、カナダ、スウェーデン、ノルウェー、フィンランド、オーストラリア、ニュージーランド、スイスがこのグループであった。ECは緩やかな規制を主張した。途上国の関心は薄く、モントリオール議定書が結ばれてからやっと関心をたかめた。途上国は、先進工業国に資金援助を要求した。1993年、途上国のための多数国間基金が発足した。

　UNEPの事務局は交渉を進めた。トルバ事務局長は交渉が行き詰まると出てきて調整をおこなった。トルバ事務局長の個人的資質、能力、忍耐力が大きく働いた。

2．日本の対応

　日本はウィーン条約、モントリオール議定書に1988年9月に加入、同年、「特定物質の規制等によるオゾン層の保護に関する法律」を制定した。1995年までに特定フロン10種、メチルクロロホルム、四塩化炭素が全廃された。2001年フロン回収破壊法を制定し、市場に出回っているフロンの回収、破壊を目指している。

　ウィーン条約、モントリオール議定書に現在（2013年）、197ヵ国が加入し

ている[9]。

　条約、議定書で対策はとられているが、オゾン層の破壊は今まで排出してきたフロン類により続いている。南極大陸により大きなオゾン層の穴が観測されたり、2011年、北極に大きなオゾンホールが観測されている[10]。今後数十年を経て、大気中のフロンガス類が減れば、オゾン層の破壊に歯止めがかかる。

注
（１）川名栄之『資料　環境問題』日本専門図書出版、2001年、p.262。
（２）川名栄之、同上、p.267。
（３）Patrik Szell, "Negociations on the Ozone Layer", p.34, Gunnar Sjostedt (ed), "International Environmental Negaciation," Sage Publications, 1993.
（４）西井正弘『地球環境条約』有斐閣、2005年、p.173。
（５）Patrik Szell, 同上、p.38。
（６）外務省、www.mofa.go.jp, 2013.3.2.
（７）Patrik Szell, 同上、p.38。
（８）西井正弘、同上、p.180。
（９）外務省、www.mofa.go.jp, 2013.3.2.
（10）www.nies.go.jp, 2013.03.6.

第4章　気候変動

1．国際的合意への道

　1985年10月、オーストリアのフィラッハで気象学者を中心とする「気候変動会議」が開かれた。国連環境計画（UNEP）、世界機構機関（WMO）、国際科学学会連合（ICSU）が共催した。気候変動に強い関心を持つ数十人の科学者がこの会議を実質的に組織した。国際応用システム分析研究所がフィラッハにあり、ここで開催されたのである。1970年代にはいると、世界各地で100年ぶりの早魃、多雨、高温、冷夏など異常気象が数多く報告されたからである。世界気象機関がジュネーブで第1回気候会議を開いたのが1979年であった。

　フィラッハ会議は1週間続き、21世紀の前半に海面上昇と気温上昇が起きるので、政治家に対して対策を取るように呼びかけた。この85年には、ウィーンでオゾン層保護のための条約が結ばれている。オゾン層対策との違いは、温暖化については目に見える強固な証拠がなく、科学的に不確実性が大きく、対策による経済的影響がフロン規制と比べきわめて大きいことである。

　フィラッハ会議後、トルバUNEP事務局長はWMOとICSUに対し、気候問題の国際条約締結への取り組みを呼びかけた。さらに米国のシュルツ国務長官に手紙を書いた。オゾン層保護に関するウィーン条約が結ばれ、モントリオール議定書の交渉が始まっていた。気候変動に関しても同様の対策を考えていたのである。トルバはまず枠組み条約を作り、具体的な規制は、議定書で決めるという筋書きを考えていた。

　米国の態度は消極的であった。米国のエネルギー省は、フィラッハ会議が政府機関のものでないことを問題視した。EPA（環境保護庁）と国務省は温暖化の科学的研究を進めるべきと主張した。結局、米国政府は、政府主導の気候変動調査の機関を作るべきとした。

　G7の合意により、UNEPとWMOが、IPCC（気候変動にかんする政府間パネル）を作ることとなった。

第一部　問題群

　1988年6月末、トロントで先進国首脳会議（G7）が開かれ、閉幕後、同じホテルで、「変貌する大気－地域安全保障との関係」という会議が開かれた。カナダ政府らの主催で300人以上の気象学者、法律家、官僚、ビジネス関係者が集まった。これに加えて400人の報道関係者が参加した。G7の取材陣がそのまま居残った。ノルウェーのブルントラント首相は、気候変動に挑戦すべき時であると開会のあいさつで述べた。前年、ブルントラントは世界委員会議長として「我ら共通の未来」を発表したばかりであった。

　トロント会議は、2005年までにCO_2の排出を20％減らすべしと決議した。20％削減はまず先進国が実施し、途上国には技術移転の資金を出すこと、先進国の化石燃料に課税し、基金を作ることとした。[6]

　1989年3月には、オランダ、フランス、デンマークの主催の「ハーグ環境会議」が開かれ、温暖化防止のための強力な機構の整備をはかることとした。[7]

　同年11月オランダのノルドベイグで大気汚染、気候変動に関する環境大臣会議が開かれ、CO_2の排出については先進国が2000年までに横ばいにすることに合意した。[8]1990年に始まる温暖化防止条約の交渉については、可能なら1991年、遅くとも92年6月のリオ地球サミットまでに採択するよう最前の努力をするとした。

2．IPCC

　IPCC（Intergovernmental Panel on Climate Change）は政府間組織として1988年11月に誕生した。国家が指名する科学者と行政官で構成される。気候変動に関する知識を整理し、政策決定者に伝えることを任務とする。三分野で作業部会が作られた。⑴科学的知見と予測、⑵温暖化の減少の確実性、将来はどうなるか。⑶環境的・社会的影響、IPCCの評価方法は発表された論文を審査、査読する方法がとられる。

　IPCCの第1回会合は1988年11月に開催された。2カ月後、IPCC、UNEP、WMOにたいして、法的枠組みを作り、勧告すべしとのマルタの提案が国連総会で採択された。これが「人類の現世代および将来の世代のために地球気候を保護する」決議である。

第 4 章　気候変動

　IPCCは90年5月25日、ロンドン郊外のウインザー城の温室で「第1次報告書」を出した。過去100年間に平均気温は0.3〜0.6℃上昇、海面も20㎝上昇した。このまま規制がないならば、21世紀末までに地球の平均気温は3℃上昇、海面も10年あたり3〜10㎝上昇する。大気の温室効果ガスの濃度を現存レベルを保とうとするなら、炭酸ガスの排出を60％以上削減し、メタンガスを15％〜20％削減する必要があるとした。

　この報告は、政治家やマスコミのあいだで、2100年には、気温が3℃上昇、安定化のために60％の温室効果ガスの削減が必要という形で一人歩きをはじめた。

　2007年には、第4次評価報告書が公開された。第4次評価報告書の作成には130ヵ国の2,000人の専門家が参加し、195ヵ国の政府代表に承認された。

　2007年、IPCCはアル・ゴア（元米国副大統領）とともに、ノーベル平和賞を授与された。アル・ゴアは、「不都合な真実（An Inconvenient Truth）」の映画を作り、世界各地で温暖化対策を訴えたことによる。

3．温暖化防止条約の締結交渉とリオ地球サミット

　90年秋、第2回地球気候会議（UNEP、WMO主催）が開かれた。交渉に積極的な西欧先進諸国、消極的なロシア＋産油国という対立があった。この会議で、小さな島からなる37の途上国は小島諸国連合（ASIS）を結成、厳しい規制を求めた。海面上昇による海没を心配してのことである。

　この会議後、国連総会のもとに政府間交渉委員会を設置し、条約の交渉が始まった。92年6月のリオでの地球サミットまでに条約を締結することを決めた。交渉の期間は、1年と6カ月であった。交渉は、92年5月9日に採択された。150ヵ国の代表団は総立ち、拍手がなりやまなかった。どうしても、リオの会議に間に合わせるという政治的意図が働いたと言われる。

　採決の瞬間サウジアラビアなど産油国が修正案を出そうと手をあげたが、議長は参加者に起立を求め、同時に盛大な拍手がおこったため反対者の声が議長に届かないことにして決議した。

　リオの地球サミットには、100ヵ国以上の首脳を含む183ヵ国の政府代表が

第一部　問題群

あつまり、気候変動枠組条約に署名した（155ヵ国が気候変動条約に署名した）。全体会議では温暖化問題はあまり問題とならず、貧困と南北問題を解決するための資金メカニズムに議論が集中した。

　UNDPのウル・ハク（パキスタン）は、途上国の環境問題を語った。[15]世界人口の5分の1の先進国が世界のエネルギーの70%、食料の60%を消費する。途上国では13億人が清潔な水もなく、7億5千人の子供が急性下痢により苦しみ、毎年400万人が死亡している。誰も温暖化では死亡していない。途上国の優先課題は貧困、人口爆発、飲み水の確保、農業基盤の確保であると。

4．国連気候変動枠組み条約の成立

　「国連気候変動枠組み条約」は、1994年に発効した。本条約は、まず枠組み条約を作り、具体的規制は締約国会議に委ねる方法を取っている。条約締約国会議は、毎年開催すると規定した。第1回の締約国会議は、ベルリンで開かれ、第3回会議で削減量を数字にすることで合意した。

　第3回締約国会議は京都で1997年12月に開催された。途上国の主張と先進国の主張の隔たりは大きく交渉は困難をきわめた。会議は、最終日の10日になっても終わらず、11日の午後2時に京都議定書を採択することができた。

　京都議定書は途上国に削減義務を負わさず、先進国全体として5%の削減を行うことを義務づけた。温室効果ガス6種類を特定し、2008年から2012年の期限を設けた。また京都メカニズム、吸収減の考えを認めた。

　京都メカニズムとは、排出量取引、クリーン開発メカニズム、共同実施の手段を言う。吸収源は森林に炭酸ガスを吸収させ、それを算定することである。

　米国は、京都会議のときはクリントン政権であり、会議に副大統領アル・ゴアを派遣して交渉を前進させたが、2001年に生まれたブッシュ政権は京都議定書に参加しないことを明らかにした。しかし、ロシアの批准により、米国抜きで京都議定書は2005年2月に発効した。

　炭酸ガス排出量は中国が第一位、米国が第二位である。中国は途上国なので削減義務はない。米国は議定書に未加入のため同じく削減義務がない。最

大排出国の中国と米国が温室効果ガスの削減義務を負わないことは、著しく議定書の実効性を損う。

5．京都議定書以降

　毎年、国連枠組条約と京都議定書の締約国会議が開かれ、2012年以降の新しい体制についての合意が模索されてきた。しかし、2013年になっても合意がなく、とりあえず京都議定書の延長を決めた。

　2012年11月26日から12月8日まで、カタールのドーハでCOP18、CMP8（議定書締約国会議）が開かれ、2020年以降の新たな法的枠組みに関して2015年までに合意を達成することとした。[16] 2013年、ポーランドで締約国会議（COP19）が開かれた。2014年のCOP20はペルーで開かれる。

　IPCC第5次評価報告書「自然科学的根拠」が2013年9月26日発表された。[17] 気候の温暖化は疑う余地がなく、1880年〜2012年の間に、平均気温は0.85℃上昇した。過去20年でグリーンランド、南極の氷原の面積は減少、氷河は世界中で減少している。人間の活動が20世紀後半以降の温暖化の主要な原因である（95％の確率）。CO_2の大気中濃度の増加が寄与している。IPCCは2014年3月、横浜で第38回総会を開く。[18]

　注
　（1）米本昌平『地球環境問題とは何か』岩波新書、1994年、p.17。
　（2）米本、同上、p.18。
　（3）同上、p.20。
　（4）同上。
　（5）www.wikipedia., IPCC　version francaise, 2013.3.3.
　（6）竹内敬三『地球温暖化の政治学』朝日選書、1988年、p.28。
　（7）竹内、同上、p.29。
　（8）竹内、同上、p.30。
　（9）J.Switzer "Environmental Politics", P.271, St. Martin Press, 1994.
　（10）竹内、同上、p.35。
　（11）www.wikipedia., 同上 2013.3.4.

第一部　問題群

(12) 竹内、同上、p.58。
(13) 竹内、同上。
(14) 竹内、同上。
(15) 竹内、同上、p.72〜72。
(16) www.env.go.jp, 2013.3.4.
(17) www.meti.go.jp「news Release」2013.10.1.
(18) www.env.go.jp、「気候変動に関する政府間パネル第38回総会の日本開催について」2014.3.17.

第5章 砂漠化

　地球の陸地の40％は乾燥した土地である。61億ヘクタールある。このうち砂漠が9億ヘクタールあり、残りの52億ヘクタールは乾燥地、半乾燥地、乾燥した半湿潤地であり、世界人口の5分の1が住んでいる。この52億ヘクタールの乾燥地の70％が砂漠化と呼ばれる土地の不毛化の危機に直面している。これらの土地は潜在的な生産性があるので、その喪失は世界人口の6分の1が生活手段を失うことを意味する。1968年～73年のサヘル地方（サハラ砂漠の南側）での旱魃とその土地の住民への影響は、乾燥地帯での人間の生存と開発の問題を世界に印象づけた。

1．砂漠化への取り組み

　国連総会は、1974年5月1日の決議3202（S-Ⅵ）で国際社会が砂漠化の問題に断固とした、また迅速な措置をとることを決議した。この決議を受けてUNEP管理理事会が同年6月16日の決議1878により、国連システムの関係組織が旱魃の問題に取り組むことを決議した。国連総会は、74年12月17日の決議3337により、砂漠化と戦うために協調して国際行動を取るために国連砂漠化会議の開催を決定した。会議開催にあたっては、UNEPが会議の準備をすることとなった。準備過程において、さまざまな研究が行われた。

2．国連砂漠化会議

　国連砂漠化会議は、1977年8月29日～9月9日にナイロビで94ヵ国から500人の代表が参加し開催された。[1] 2週間の会議は、ほとんどの時間を行動計画の検討についやした。パラグラフごとに順次検討を加えたのである。中心的テーマは、複雑な状況のもとでは完全な知識を待っていたのではいけないということであった。

　会議では、世界各地の乾燥地で生物的生産性と人間の生活水準の低下がみられることに注目した。この過程は、一次的には、土地の不適切な利用によ

37

第一部　問題群

り引き起こされているとした。特に途上国の福祉、経済社会的発展を脅かしていることを認めた。砂漠化がアフリカ、中南米、中央アジア、南アジア、南西アジアに顕著に見られるが、同時にオーストラリア、北アメリカ、ヨーロッパにおいても進行していることを認めた。

　会議は砂漠化の定義を与えた。それまでは、砂漠という言葉はあっても砂漠化 (Desertification) という言葉はなかった。砂漠化とは、土地の生物学的潜在力を減少または、破壊し、砂漠の状態になること。広域的な生態系の悪化であり、生態系の潜在力を減衰、破壊することである。

　短期的目標としては、砂漠の広がるのを防止すること、および砂漠化した土地を生産的にすることとした。究極的目的は、乾燥地、砂漠化の危険にさらされている地域の生産性を維持し地域住民の生活の質を向上させることとした。

　行動計画の中で示された勧告は、UNEPが行動計画の実施および調整に責任を持つこととした。さらに国連の地域的経済委員会が関係諸国により採用された総合対策を実施するため調整機能と触媒機能を果たすべきことを勧告した。

　1977年の国連総会は、この行動計画を承認した[2]。しかし、この行動計画は実行されなかった。UNEPは繰り返し砂漠化の広がっていることを警告した。ブルントラント世界委員会の「我ら共通の未来」の中でも、砂漠化の問題が深刻であるとの指摘がある。1989年の国連総会は砂漠化の問題をリオの地球サミットの議題に含めることを決定した（決議44/228、12月22日）。さらに、国連総会は、リオの地球サミットが砂漠化防止のための措置をとることを要請する決議をした（決議44/172、12月19日）。

3．砂漠化防止条約の成立

　リオの地球サミットでは、アジェンダ21の中で砂漠化防止条約の交渉をするための政府間会議の開催を勧告した。国連砂漠化会議の採択した行動計画が、勧告であり、法律的拘束力を持つものでなかった。そこで今回、対策を条約の形にすることで合意したのである。同年12月、国連総会はこの勧告を

承認した（決議47/188）。決議は、1994年6月までに条約を作ることと規定した。5回の会議を経て、1994年10月14、15日にパリで署名式をおこない、日本、ECを含む86ヵ国が署名した。[2]

こうして「重大な旱魃におそわれた国々特にアフリカ諸国の砂漠化を防止するための国連条約」(United Nations Convention to Combat Desertification in those Countries Experiencing serious Drought and/or Desertification Particulaly in Africa)が1996年末に発効した。2011年現在、193ヵ国とEUが加入している。[4]

本条約は第7条で締約国は、特にアフリカの被害国に優先性を与えるべきであると規定した。アフリカが最も深刻な砂漠化に直面している。大陸の3分の2が乾燥した土地であり、73％の乾燥した農業用地が砂漠化により失われようとしている

本条約は、被害を受けている国が行動計画を立てること（第9条）、市民参加を推進し地域の人々の努力を助けることに焦点を置くと規定した（第13条）。途上国、援助国、国際機関、NGOの計画実施にあたっての協力関係の構築の枠組みを規定した。先進国が砂漠化を防止するため途上国を援助することが重要であると規定し、さらに地球環境基金（GEF）を通じて資金を対策にまわすように規定している。[5] 2008年3月までに102の国が行動計画を策定した。[6]

注

(1) www.ciesin.org, United Nations Conference on Desertification, 2013.5.27.
(2) The United Nations, "UN Yearbook 1977", p.510, Resolution 32/172 of the General Assembly.
(3) 西井正弘『地球環境条約』有斐閣、2005年、p.274。
(4) www.mof.go, jp, 2013.3.5 「国連砂漠化防止条約」。
(5) The Centre for our Common Future, "Down to Earth", p.4, Genenve, June 1995.
(6) de.wikipedia.org, Desertification, 2013.5.27.

第6章　熱対雨林の消滅

1．熱帯林の減少

　赤道を挟み、北回帰線と南回帰線の間にある熱帯地方に存在する森林を熱帯林という。熱帯林のうち、雨量が年間2,000ミリ以上で、何層にもわたる常緑樹からなる森林を熱帯雨林という。熱帯雨林は、熱帯林の41％を占める。東南アジア、中南米、中央アフリカに見られる。熱帯雨林の30％はブラジルに分布している[1]。

　全世界の生物種の半数以上がここに生息、大気中の酸素の40％が熱帯雨林で供給されている。熱帯林は1980年から1990年の間に154万平方キロ減少した[2]。日本の国土の4倍の喪失である。2000年から2005年の間に、熱帯雨林は13万平方キロが伐られた[3]。この消失が毎年続けば、21世紀中にほとんど熱帯雨林がなくなると予想される。

2．アマゾン

　ブラジルのサオホセドキャポスの空中観測所の1998年1月28日の発表によると、アマゾンの森林面積はブラジルの国土の60％を占め、510万平方キロある。1994年から1996年の3年間で、4.7平方キロメートル喪失した[4]。これを、ブラジルのグスタ・クラウゼ環境大臣は「恐るべき喪失」と表現した。アマゾンでは過去50年で、51万平方キロの森林が失われた。最近の傾向としては、アジアの木材会社の進出により、アマゾンからの熱帯材の輸出が増加している。永大、WTK、リンブナン・ビジャウ社が進出し、ブラジル熱帯材の輸出が増えている[5]。

　熱帯林を焼き、その跡地に肉牛を放牧することが1964年から進められた。この放牧により、熱帯林から自然物の採取ができなくなり、先住民や古くから住む農民は熱帯林の牧場化に反対し、持続的な森林利用を守る運動を展開してきた[6]。

　1988年12月、この反対運動の指導者、チコ・メンデスが暗殺された。この

第一部　問題群

事件はヨーロッパ、アメリカで広く報道され、環境保護団体がブラジル政府に圧力をかけた。手紙、陳情などにより、政治家、金融当局、世界銀行、アメリカ開発銀行、EC、自国政府にブラジルの開発計画に資金を提供しないように運動した。この圧力はブラジルの政府、軍部の怒りを買った。

3．サラワク

　日本は世界最大の熱帯木材輸入国であり、世界熱帯材貿易の30％を占める。アジア・太平洋地域の熱帯材貿易に限定するなら、その過半を日本が輸入している。1960年頃まではフィリピン、インドネシアから輸入していた。この両国からの輸入が難しくなると、1980年代にはマレーシアのサバ州、サラワク州、パプアニューギニア、ソロモン諸島、インドシナ半島に転じた。サバ州の南洋材を切り尽くしたので今度はサラワク州に向かい、一日に479haづつ伐られている。その半分を日本が買い付けている。

　サラワク州は1963年、英国植民地から独立、マレーシア連邦に加入した。面積12.3万平方キロ、人口約130万人は海岸や河川沿いに住む。年間雨量は2,000ミリから4,000ミリで4月から9月が乾期である。脊梁山脈の上を赤道が通る。先住民は森林から動物、果実を川から魚や飲み水を得て生活してきた。森を伐り、火を放って、主食の陸稲を作ってきた。

　サラワク州のウマバワン（人口350人、50世帯）は1960年代まで、貨幣経済の外にいた。ところが、伐採会社が来て事態を急変させた。会社は村長一人を買収して、伐採に合意を得たとして伐採を始めたのである。村民の多数は伐採に反対し、道路を封鎖した。村に対立が生まれた。封鎖から7ヶ月後、封鎖した村民42名が逮捕された。しかし、起訴されず釈放された。

　サラワクの憲法は、慣習法による先住民の権利を保証している。慣習法が適用されると、村長一人では土地の譲渡はできないのである。

　伐採反対運動は1970年代の中頃に遡る。反対住民が抗議の手紙を送るが、会社が無視したので、伐採キャンプに押し寄せたこともある。サラワク州では反対運動と逮捕、裁判が頻発している。

　州政府発行の伐採許可証には伐採道路の工事法、川からの距離と取ること、

42

第6章　熱対雨林の消滅

伐採の方法が書かれているが、まずこれらの条項さえ守られていないと報告されている。[11]

　森林警察の現場監督にも賄賂が横行する。伐採量は過小申告となる。伐採禁止の木も伐られているという国際熱帯木材機関（ITTO）の視察団の指摘がある。

　クチン市の先住民出身の弁護士バル・ビアンは1990年11月、横浜のITTO理事会にサラワクの不正義を訴えるために来日した。ITTOが伐採量のわずかの削減を提言したにすぎず、ITTOのサラワク現地報告書を批判するためである。ビアン弁護士は、州法により先住民の保護が明文化されており、伐採許可は州の法律に反すると主張した。[12]

　ウマバワンに住む先住民の指導者の一人、ジャク・ジャワ・イボンは日本に来てサラワクの現状を述べた。ジャクは村と町を行き来し、伐採の反対運動を指導してきた。村では新しい農業を模索し、世界へはサラワクの森林破壊を訴えてきた。日本のサラワク・キャンペーン委員会、熱帯林行動ネットワークの招待によるものであった。新聞社、テレビ局が取材し、サラワクの現状を広く報道した。[13]サラワクでは、商社だけでなく、日本政府の開発援助が道路建設に利用され、官民一体となった伐採の体制が問題とされた。

　1987年1月に発足した熱帯林行動ネットワーク（以下JATAN）は、マレーシアのサラワク州で、プナン族による伐採反対のための道路封鎖などの運動に協力することから始めた。日本はこの地区からの木材を輸入する最大の国である。JATANは現地調査でJICAの伊藤忠商事に対する融資による森林伐採のための道路場建設（26.6km）を明らかにした。道路を封鎖したプナン族のリーダーが逮捕されていた。[14]JATANはこの道路封鎖の様子をフィルムにおさめ、各地で上映、サラワク州政府、マレーシア政府に対して伐採停止の請願を行った。伊藤忠商事、日商岩井の前でデモを展開、丸紅に熱帯雨林伐採大賞を贈った。JATANはまた、関係官庁、商社と話し合い、熱帯材の輸入削減を求めた。地方自治体に対しては、公共工事でコンパネの使用削減を要請した。

　ブルーノ・マンサーは、1954年スイスのバーゼル生まれで、アルプスの山

第一部　問題群

で牧畜をしたこともある。ブルーノは1984年、ボルネオの狩猟民プナン族のところにゆき、一緒に住んだ。プナン族の住む森に伐採が入ると、プナン族の生活と森を守るために反対運動を支援した。警察から追われると、6年近くジャングルに潜んだ。1990年ボルネオを脱出、国際世論に訴える道をとった。バーゼルにブルーノ・マンサー財団を作り、サラワクの森を守る運動を続けている。1996年、来日したブルーノは、東京の丸紅本社前でハンストを行った。1992年、『熱帯雨林からの声』を出版した。

4．ITTO（国際熱帯木材機関）の設立[15]

　熱帯材行動計画が1985年にFAO、UNDP、世界資源研究所（WRI）により作成された。森林管理の改善、熱帯林保護のための基金計画をふくむものであった。

　熱帯林の伐採問題に関しては、FAOが国際組織として最初にこれを取りあげた。ITTO（国際熱帯木材機関）が1986年、国際熱帯木材協定に基づき設立された。事務局は横浜に置かれている。1994年に再度、同じ名の条約を結んだ。ITTOは、熱帯材は2000年までに持続的に生産された森林からのみ、出荷されるべきことを決議した（1995年、バリで採択）。しかし、これらの決議の目標は達成されなかった。リオの地球サミットでは、森林声明が採択され、またアジェンダ21は森林管理に関する行動計画を記述した。リオ会議の後設立されたCSD（持続的発展にかんする委員会）が、1995年森林に関する政府間パネルを設置した。

おわりに

　熱帯材に対する先進工業国の強い需要があり、商社の買い付けにより、熱帯林が持続可能でない方法で切られ消滅する状態が続いている。フィリピン、インドネシア、サラワク、パプアニューギニアなどでは、もとの植生の再生が望めないような伐り方が横行してきた。温帯の森については、研究の積み上げや植林の経験があり、造林が行われてきている。しかし、熱帯林については未知の状態であり、再生の経験はない。それにもかかわらず、熱帯林が

伐られ続けその消滅が予測されている。

　熱帯の原生林を伐採した後、ユーカリや油ヤシなどを植える事業がおこなわれている所もある。ユーカリは成長が早いが、オーストラリア原産であり、いわば外国の土地に植林するのである。またユーカリばかりの密植なので、従来からの植生は全く回復できない。油ヤシも同様である。生物の多様性を奪うこういった単一種の植林は、森林本来の多様な機能を否定し、先住民の生活基盤を奪う。保水機能や水質の浄化機能を奪い、災害に弱い土地を作る。サラワクでは、油ヤシの植林のために先住民が強制的に追い出された。パプアニューギニアのゴゴール渓谷では王子製紙が森林を皆伐した結果、その地域が水不足に陥り、タロイモが壊滅した。住民は、汚れた水を飲むため皮膚病、赤痢、ペストに悩む。台風のくるたびに、甚大な被害を出すフィリピンにはほとんど原生林がなく、ココヤシの植林地ばかりである。ヤシの木は根が浅くしか張らず、風に弱い。

　パプアニューギニアNGO連合は、93年5月20日のザ・タイムズ・オブ・パプアニューギニア紙に全面広告を出し、伐採を非難した。[16]パプアニューギニアとソロモン諸島の森を守る会は日本で募金を始めとする諸活動をしている。[17]

　熱帯林の伐採により、先住民の生活が破壊され人権の侵害が続いている。大きな利益を得る少数の現地の人（政府高官、商人）、貿易を手がける商社、製紙会社、紙を大量に消費する先進工業国の消費者がいる。特定の人々の欲望を満たすために先住民の生活基盤、健康、生命がおびやかされている。この状態は、正義に反する。NGOの活動は、この不正義を正そうとするものであり、大いなる救いである。

注

（1）National Geographic /rainforest-profile.html, 2013.3.5.
（2）川名秀之『地球環境破局』紀伊國屋書店、1996年、p.141。
（3）National Geographic/rainforest-profile.html, 2013.3.5.
（4）Le Monde, mardi 10 fevrier 1998.
（5）同上。

第一部　問題群

（6）Chico Mendes, "Fight for thr Forest", p.116-117, Green Planet blue, (ed) Ken Conca, West View Press, 1995.
（7）ブルーノ・マンサー『熱帯林からの声』野草社、1997年、p.229。
（8）橋本克彦『森に訊け』海外編、講談社、1992年、p.202。
（9）橋本克彦、同上、p.264。
（10）橋本克彦、同上。
（11）橋本克彦、同上。
（13）朝日新聞　夕刊、1990年3月24日。
（14）鷲見一夫、『ODA　援助の現実』岩波新書、1989年、p.117。
（15）長谷敏夫『国際環境論』時潮社、2006年、p.114。
（16）長谷敏夫、同上、p.110。
（17）同上。

第 7 章　生物多様性の保護

　生物の多様性とは、すべての生物の間の変異性をいうものとし、種内、種間、生態系の多様性を含むと定義される（生物多様性条約第 2 条）。

　人間は、植物、動物を食べて生存している。動植物の種の絶滅は多様な生物種の上に成り立っている人間の生存に関わる問題である。今日、生物学者により約170万種の生物が分類されているが、2020年までに全生物種の 5 〜 15％が絶滅すると指摘されている。現在の種の絶滅の早さは生命が地球に出現してからの絶滅の平均値の260倍である。(1) 生物種の絶滅のスピードが速くなっていること、それが人類の活動に起因することが問題である。野生動物に対する需要が増大し、乱獲、密猟が横行している。また生息地が開発のために奪われることが多くなった。1960年代から、対策の必要性が認識されるようになった。

　生物多様性という言葉は、1992年のリオ会議の前、生物多様性条約の交渉段階から明らかになった。1972年の人間環境会議のころは、個々の生物種の絶滅や保護が問題とされた。1971年に結ばれた、特に水鳥の生息地として国際的に重要な湿地に関する条約（ラムサール条約）、絶滅の危機に瀕する野生生物の種の国際取引に関する条約（ワシントン条約）が最初である。ストックホルム人間環境会議では、10年間商業捕鯨中止を勧告する決議が採択された。

1．特に水鳥の生息地として国際的に重要な湿地に関する条約（ラムサール条約）

　これは、鳥類の生息地域をあつかった最初の条約である。干拓や汚染により湿地が破壊され、渡り鳥に脅威となってきたのでこれを防止するために結ばれた。締約国は、湿地の賢明な利用を促進し、国内で最低 1 つの湿地を登録し研究を進める。この条約は、IUCN（国際自然保護連合）と国際水鳥研究会事務局が促進した。また科学者が管理する条約である。

　条約は締約国に法律的義務をほとんど課していないから、弱い条約ではな

いかという指摘がある。しかし、軽い義務の故に多くの国が参加したのである。「国際的に重要な」という基準が、湿地保全の暗示的、道徳的、政治的義務となった。

　事務局の不十分さや締約加盟国が定期的に会合を開けない資金の不足が指摘されている。非ヨーロッパ諸国が条約に加入していない、熱帯や南半球の水鳥の保護が十分にできていないとの批判がある。

　2012年3月現在、160の国が本条約に加入している。指定された湿地は1,997カ所である。日本の指定湿地は37カ所である。釧路湿原が最初の指定地であり、伊豆沼、尾瀬沼、琵琶湖も指定されている。

　日本では残された干潟を埋め立てにより破壊する公共工事も多い。1997年には諫早湾の湿地の埋め立てが始まった。1998年、名古屋市の藤前干潟を廃棄物で埋め立てる事業の計画があった。反対運動により、名古屋市の埋め立て計画を阻止した。藤前干潟をラムサール条約の登録湿地にした。

　山口県の上関原発用建設予定地は、自然が豊かな海岸を埋め立てて建設される。そこはナメクジウオ、イルカ、カンムリウミスズメなど希少種が生息する自然度の高いところで、生態学的にきわめて価値の高い場所である。埋め立てればこれら生物は生きられない。

2．絶滅の危機に瀕する野生動植物の種の国際取引に関する条約（ワシントン条約）

　UNEP及びIUCNの呼びかけにより「絶滅の危機に瀕する野生動植物の種国際取引に関する条約」が1973年、ワシントンで締結された。この条約は生息地の破壊に次いで、野生生物の乱獲が絶滅の原因であることから、これら生物の国際取引を規制することにより保護しようとするものである。国際的に取引されない場合は、規制対象とならない。また国内での直接的な保護措置にも関与しない。

　これによって野生生物1,061種が規制対象とされる。規制は3つの範疇に分類される。付属書1に掲げる動植物の貿易は禁止、付属書2と付属書3の動植物は、貿易の制限がかけられる。2年ごとに締約国会議を開き、付属書

のリストの見直しを行う。IUCN、TRAFIC、IWRBのネットワークの協力と参加により、条約の運用、監視が実行されている。

　2012年12月現在、加入国は176ヵ国である。

3．世界遺産条約

　1972年ユネスコ総会は、世界遺産条約を採択した。締約国は、群を抜いた普遍的価値を有する文化遺産、自然遺産を登録し、保全、活用する。世界の文化遺産および自然遺産の保護のための政府間委員会が設置され、この委員会が締約国政府から出された物件を審査し、基準を満たせば「世界遺産一覧表」に載せる。

　日本の条約加入は、1992年とかなり遅れた。自然遺産として屋久島、白神山地をまず指定し、その後、知床半島、小笠原諸島を加えた。登録地は、観光開発の規制と管理計画の策定が義務づけられる。2011年11月現在、188ヵ国が参加している。2013年、富士山が文化遺産として新たに登録された。

4．移動性動物種の保全に関する条約（ボン条約）

　ボン条約は、1972年ストックホルム会議でIUCN（世界自然保護連合）により初めて提案され、ドイツが中心となって条約の交渉が進められた。絶滅の危機のひんする種の保護の義務をその種が棲息する国に負わせるという内容を特色とするもので、各締約国は数々の措置を取るように努めると規定する。推進機関の規定がないし、条約の義務とその範囲が広すぎる等の指摘がある。細かな事務規程が多いとの批判もある。1983年には発効した。ワシントン条約を補う内容の条約である。2008年12月現在110ヵ国が加入している。日本は加入していない。

5．生物多様性に関する条約

　上記に見た諸条約は、個別分野での対策を規定したものである。総合的対策を規定したものではない。生物多様性の保護を目指すなら、棲息地での実際の保護、保全、資金、技術、援助と結びついた国際協力の樹立が求めら

第一部　問題群

る。IUCNは、1984年の総会で生物多様性に関する条約の成立を目指すことを決めた。1983年に設立された、ブルントラント環境と開発に関する世界委員会の報告「我ら共通の未来」も、生物多様性の保護の必要性を指摘した。1989年になって、IUCN案が示され、条約化に向けての動きが始まった。

　IUCNはスイスのグラントに本部を置く非政府団体（NGO）であり[12]、政府機関、個人、NGOが加入している。1948年に設立された。1913年にスイスのバーゼルで国際的自然保護のための組織を作ることで合意ができたが、第一次世界大戦のため中断された。戦後組織化への努力を重ねたが、第二次世界大戦に至る国際的対立のために挫折した。1947年になり、ジュリアン・ハクレイ卿（ユネスコ事務局長）らにより、再び組織設立の努力がなされ、実現した。18の政府が設立文書に署名した。IUCNは野生生物の保護のために条約作りに貢献してきた。

　1987年UNEPの管理理事は、生物多様性を保全するための国際行動の必要性を認め、枠組み条約の作製のために作業部会をもうけた。作業部会は、総合的な条約の必要性を認めた。IUCNとFAOの草案が提出され、作業部会で検討が始まった。1991年に作業部会は、政府間交渉委員会と改称され、検討を続けた。1992年のリオの地球サミットまでに条約案を作ることとした。バイオテクノロジーと世界リスト（規制対象）で対立が続いたが、1992年に開催されるリオ会議の直前に、交渉委員会で条約を採択することができた。

　1992年6月の地球サミットで153ヵ国が本条約に署名したが、ブッシュ米国大統領は署名を拒否した[13]。クリントン政権になって米国は本条約に署名したが、上院は承認を拒否した[14]。2012年12月現在、192ヵ国とEUが加入している[15]。

　生物多様性条約は、すべての国が国外の環境に影響を及ぼすことを回避することを義務づけた。本条約の目的は、生物の多様性を保全することである。生物資源、遺伝子資源の持続的可能な利用の促進と利益の公平な配分の確保を明記した。

（1）自然資源の利用開発に関して領域国が主権的権利を有する。遺伝子資源の利用に関する認可権を領域国が有する。その利用は、国内法

50

に従い、事前の同意を得ること。
（２）締約国は、遺伝子資源を研究して、開発し得た商業利益を遺伝資源の提供国に公平かつ平等に分配する。
（３）締約国は、途上国に対して生物多様性の保護および持続可能な利用に関する技術や機会を移転する。また知的所有権を尊重する。
（４）生物多様性の構成要素を持続可能なように利用すること。生物多様性が長期的に減少しないこと。原則として自然状態で生物多様性の保全を行うべきである。
（５）途上国への支援が不可欠である。本条約の目的の達成のために先進国は途上国に新規、かつ追加的な資金を提供すること。資金の提供は、地球環境間基金（GEF）によるとした。

生物多様性条約は枠組みを定めた条約であり、実施行のための具体的基準、措置および手続きに関しては締約国会議に委ねている。1999年には、生物安全性については、カルタヘナ議定書を締結した。

2006年３月ブラジルのクリチバで生物多様性条約第８回締約国会議が開かれ、熱帯林の消滅を防止するため、京都議定書のクリーン開発メカニズムを使うこととし、先進国では、企業が資金を拠出して、炭酸ガスの吸収源の保全に貢献する制度の利用を考えた。

2010年10月名古屋市で第10回締約国会議が開かれ、「生物の多様性に関する条約の遺伝資源の取得の機会及びその利用から生ずる利益の公正かつ衡平な配分に関する名古屋議定書」「行動計画」を採択した。また2011年から2020年を生物多様性国連10年の年とする決議を行った。

６．南極条約環境保護議定書

1991年「南極条約の環境保護に関する議定書」が採択された。南極の環境と生態系を包括的に保護し、南極を平和と科学に貢献する自然保護区域とした（第２条）。鉱物資源開発に関するすべての活動を禁止した（第７条）。同時に環境保護委員会を置いて助言する権限を与えた。締約国はこの議定書の履行を確保するため、査察をすることが認められる。議定書は付属書を付け、

第一部　問題群

活動の環境影響評価、動植物の保護、廃棄物の除去、処理、持ち込み禁止、海洋汚染の防止、南極特別保護地区と管理計画にわたり詳細に規定した。1998年1月にこの議定書は発効した。[19]日本はこの議定書に加入するにあたり、1997年「南極の環境の保護に関する法律」を制定した。

注

（1）Le Monde, mardi 21 mars, 2006.
（2）www.mofa.go.jo, 2013.3.11.
（3）同上。
（4）同上。
（5）長谷敏夫『国際環境論』時潮社、2006年、p.121。
（6）長島の自然を守る会、高島美登里　談　2012年1月、上関町、会事務所。
（7）磯崎博司『地球環境条約集』中央法規、1995年、p.132。
（8）www.mofa.go.jp, 2013.3.10.
（9）磯崎、同上。
（10）"The Encyclopedia of the Environment", Hougton Miflin Company, 1994, p.419,
（11）www.wikipedia.org, 2013.3.11.
（12）Max Nicholson, "The Environmental Revolution", Pelican Book, p.225.
（13）Gareth Porter and Janet Welsh Brown, "Global _Enviroenmental Politics", Westview, 1996, p.99.
（14）Elizabeth R. Sombre, "Understanding United States Unilateralism", "The Global Environment", CQ Press, 2005, p.188.
（15）www.mofa.go.jp, 2013.3.11.
（16）磯崎博司「生物多様性条約の法的意義」『環境法研究』第22号、1995年、p.44。
（17）Le Monde, mardi, 21 mars 2006.
（18）WIKIPEDIA.ORG.2013.3.11.
（19）磯崎博司『国際環境法』信山社、2000年、p.86。

第8章　遺伝子組み換え食品の生産と貿易

はじめに

　生物の細胞の核の中にある染色体は、長い真珠のネックレス状の二重の鎖構造になっている。この真珠の1つ1つが遺伝子である。各細胞に数千個の遺伝子が存在する。遺伝子はDNAと呼ばれ、生物はこの遺伝子により制御される。各遺伝子は、適切なときに、適切な量のタンパク質を生産するためのスイッチの役割を演ずる。

　1973年、カリフォルニア出身の細胞生物学者ハーバート・ボイヤーとスタンレイ・コーヘンは遺伝子の基礎単位を組み替えることに成功した。どの生物でも遺伝的な基礎構造は同じであり、酵素を用いて関係のない細菌の遺伝子の断片を切り取り、再度挿入することにより、新しい生物種を作り出せる。これを遺伝子組み換え技術という。遺伝子を切断し、張り合わせることにより、どんな生物の組み合わせも可能となった。1万年前、農業が始まった頃から品種改良が行われてきたが、これらはすべて交配によった。同じ種のオスとメスを掛け合わせたのである。遺伝子組み替え技術によって生物種の壁を破ったこの技術を応用すれば、品種改良はずっと早い。本稿では、遺伝子組み換え生物をOGM（Organisme Génétiquement Modifié）と呼ぶ。

　遺伝子組み換え技術は遺伝を自然で無作為なものから、人間が管理し利用できるものとした。現在、遺伝子組み換え技術によって食料が生産され、流通するようになり、社会的な問題を引き起こしている。遺伝子操作された食品の流通が社会に及ぼす影響を述べたい。

1．牛成長ホルモン（BST）

　BSTは乳牛に産するタンパク質ホルモンである。屠殺した牛の下垂体から抽出される貴重なものであった。モンサント社は、BST産出の遺伝子を牛から採取、大腸菌に挿入して、培養タンクで大量に増殖することに成功、FDA（連邦食品薬品局）の認可を取った。[1]商品名ポジラックBSTとして販売

第一部　問題群

を開始した。これを牛に注射すると、25％牛乳量が増える効果がある。この遺伝子組み換え技術により作り出されたBSTは自然の成長ホルモンと実質的に同じとされた。BSTを使用して生産された牛乳とそうでない牛乳の分別はされていないし、表示もない。FDAは表示の必要を認めない。

　1994年2月より、BSTを投与された乳牛から取った牛乳がチーズ、バター、アイスクリーム、乳製品に使用され始めた。BSTの使用について論争が起きた。多くの人は純粋で自然な牛乳に人間の手を加えることに衝撃を受けた。モンサント社は認可を得るためにあらゆる手段を使った。モンサント社の研究助成を受けている大学の研究陣により、BSTの安全性確認の実験を1,500例そろえて、人の健康に影響がないとの報告を積み上げた。しかし、BSTの安全性について、ある英国の研究チームが警鐘をならした。1991年、モンサント社は、これら研究者3人の発表を妨害した。その研究の内容は、BSTを投与した牛に乳房感染症が増加する、膿、細菌増加を見るという内容であった。

　環境保護団体やピュアフード・キャンペーンは、BSTが牛の健康を損ない、人の健康にも影響を及ぼすと主張、また中小の酪農家に痛手を与え、必要もないのに、自然の恵みを損なおうとしていると非難した。モンサント社と大酪農家以外に誰が利益を得るのかと首をかしげた。BSTの使用により、牛に乳房炎がおこると、治療のために抗生物質が使用され、それが牛乳に残存する。BSTの投与は牛を牛乳製造マシーンにする。モンサント社の巧みな戦術でBSTは普及し、やがて新聞や政治からBSTの議論は消えていった。FDAはこのBSTを安全として承認し続け、全米の30％の牛が週二回この注射を受けている[2]。

　カナダでは、アメリカの議論が注目されていた。消費者が、BST使用に反対を表明したので、モンサント社は1995年までは、カナダでの承認を政府に申請しないと約束した。98年になって、カナダ保健省の動物医薬品部の科学者6名が、上司から安全性に問題のある医薬品を承認するように圧力を受けたと告発した。BSTを承認しなかったために威圧、脅迫を受けたと苦情処理委員会に訴えたのである。カナダ保健省が承認手続きの中で十分なデー

第 8 章 遺伝子組み換え食品の生産と貿易

タをアメリカの製造者に要求しなかったと告発した。これは大きなスキャンダルとなり、カナダの上院農業委員会は新たにBSTの禁止措置を要求した。モンサント社のBST申請は拒否された。この禁止措置に対しては、アメリカにより、WTOに提訴される恐れがある。

　ヨーロッパ連合（EU）はホルモン処理された牛肉の流通を禁じているので、BSTの残留するアメリカの牛肉はヨーロッパ市場からしめ出された。1997年後半にアメリカ政府は、EUを違法として提訴した。WTOはEUによるホルモン剤が投与された牛肉の輸入禁止措置を違法と裁定した。EUはこのWTOの裁定に従わなかったので、アメリカは、EUの農産物に報復関税をかけた。

2．米国政府の攻勢

　2001年11月、ドーハのWTOの閣僚会議（142ヵ国）で、多数国間環境条約とWTO規則の関係に関する交渉が行われた。WTOにおいて、環境が最も微妙な問題となっている。2000年1月に採択された生物安全性に関するカルタヘナ議定書は、多数国間環境条約の1つである。遺伝子組み換え食品の貿易に関しての規定を置いている。米国はこの議定書に加入していない。

　ドーハでは、WTOの宣言文の中に環境、生物安全性が盛り込まれた。ヨーロッパ共同体の主張が入れられた形になった。宣言文に環境の文言を入れることに日本、ノルウェー、スイスが賛成した。米国は反対した。

　WTOと多数国間環境条約事務局が情報交換する手続きを確立し、環境関連の商品やサービスに関する貿易障壁を減らすこと、エコラベル、貿易の拡大と環境保護両方の目的を満たす方策については、2003年の第5回閣僚会議で決めるとの合意ができた。

　WTOとの規定と多数国間環境条約の適合性に関する将来の交渉の結果は、多数国間環境条約に加入している国にしか強制力を持たない。多数国間環境条約に加入していないアメリカには強制力はない。すなわちWTOの地位が多数国間環境条約に優位するようになる恐れがある。

　2001年11月6日、ドーハで開かれたWTOの総会前に、アメリカの64の農

第一部　問題群

業団体が米国通商代表に「予防原則」を否定するよう要請した。こうして非合法な貿易の壁をEUが作らないよう主張することを要求したのだ。

　米国の農産ロビーはEUの遺伝子操作食品モラトリアムで3億ドル相当のトウモロコシが輸出できないと主張した。アン・ベナマン農務省長官は2002年1月、オックスフォードで米国の正当性を主張した。アメリカは常に科学的根拠に基づいているECの採用する予防原則がバイオ製品を市場から排除している、と非難した。

3．WTOへの提訴

　米国は、OGMの表示と追跡可能性を与えることは、貿易を損なうと主張する。追跡可能性（Traceability）とは最終製品から遡って原料の生産者を特定できる表示制度を意味する。OGMは安全であるという前提での主張である。1998年、ヨーロッパ共同体（EC）ではモラトリアム（凍結措置）により、新規のOGMの輸入が止まった。米国産のトウモロコシなどがヨーロッパに輸出できなくなった。ヨーロッパの企業はOGMの生産を行っていない。米国の企業のみが生産している。2001年、OGMの作付け面積は5,000万ヘクタールを超えていた。

　表示と追跡可能性の措置を導入したらモラトリアムを解除するという理事会、ヨーロッパ議会の決議がある。表示により、消費者はOGM、非OGMを選んで買えるという訳である。2001年7月、ヨーロッパ委員会はOGMの表示と追跡可能性に関する提案を採択した。そしてEUは2003年に、Reg.1829/2003遺伝子組み換え食品に関する規則、およびReg.1830/2003追跡可能性と表示に関する規則をつくった。

　2003年3月米国は、ヨーロッパ共同体（EC）の遺伝子組み換え食品の輸入凍結問題をWTOのもとでECと協議するように申請した。同年8月米国はWTO紛争処理委員会に提訴した。2006年5月、WTOは米国の主張を認めなかった。

56

4．OGM推進論

　遺伝子組み換え技術を押し進めているのは、米国のモンサント社などの大農産企業である。企業を監督する政府当局はこれら大企業と親密な関係がある[10]。

　元アメリカ通商代表、商務長官を歴任したミッキー・カンターはその後、モンサント社の取締役に就任した。1997年には、大統領特別補佐官マーシャル・ヘイルは英国とアイルランド戦略担当重役に就いた。オバマ大統領はモンサント社副社長マイケル・テイラーをFAD上級顧問に任命した[11]。このように米国の行政権とモンサント社は深くつながっている[12]。

　かつて大学の特質とされていた学問の府としての研究機能が失われてしまったという指摘もある。農学系の大学でおこなわれている研究のほとんどが、独占的、営利的な作物を開発するための手段を民間企業に提供するためのものである。企業セクターから大学が多量の資金を供給されることにより、研究者はみずからの価値を見直さざるを得なくなっている。公益のためにバイオテクノロジーを研究するのか、または発見が最終的に助成金、贈答、名声となり報酬となることを期待して研究を行うことになるのであろうか[13]。

　ロバート・パールベルグ教授は、フォーリン・アフェアーズ誌（2000年5月6日号）に、OGMの普及に関してアメリカ政府の立場を代弁した[14]。ハーバード大学教授の肩書きでアメリカのOGM製品の輸出の正当性を主張したのだ。新しい技術は必ず強い抵抗にあうもので、遺伝子組み換え技術の商業利用に対する強い反対論は驚くにあたらないという。ヨーロッパの消費者、環境保護運動家は、OGMの仮説的リスクにたいして危険と決めつけている。慎重なヨーロッパ対侵略的アメリカと言う図式ができている。しかし本当の当事者は、遺伝子組み換えの技術を必要としている第三世界の農民であるという。

5．反対論

　98年6月に開催された国連遺伝子資源委員会第5回特別会期で、アフリカの代表は、貧しい国々の貧困や飢餓というイメージを利用して巨大企業が安

第一部　問題群

全でない技術、利益をもたらさない技術を押し進めている事に強く反対するとの声明を出した。[15]生命倫理学者のアーサー・シェファーは途上国のためにという主張はあまりにも安易で、実際は企業の利益のために遺伝子組み替え技術が導入されていると非難する。[16]インドのバンダナ・シバはバイオテクノロジーと遺伝子工学がなければ世界が飢えるというのは嘘であると断言した。[17]

国際機関はバイオテクノロジーが豊かな人々のためのものである事実を知っている。[18]

飢餓に苦しむ国が必要とする食物の遺伝子組み替え実験はほとんどない。一番多く実験された除草剤耐性も、除草剤を買う余裕のない農民の手の届く技術ではない。

ヨーロッパの消費者は恐怖を抱いている。狂牛病の危機により消費者が専門家、政府に対する信頼を失った。食料の安全性が何よりも求められている。グリーン・ピース、英国のチャールズ皇太子、ポール・マッカトニーは遺伝子組み換え技術を批判している。英国皇太子チャールズは広大な農地を所有し、耕作させている。チャールズ皇太子所有の農地では有機農業が実施されている。彼は96年の講演会で遺伝子組み換え技術を否定した。[19]1998年6月8日のデイリーテレグラフ紙にチャールズの遺伝子組み換え技術についての意見が掲載された。[20]98年後半、皇太子のホームページ開設直後の1週間に600万件のアクセスがあった。[21]

アイルランドでは、97年モンサント社がラウンドアップレイディ砂糖大根（除草剤耐性）を1エーカーの畑に植えたところ、ゲール地球解放戦線に荒らされた。[22]この他遺伝子組み換え作物の試験場が次々に襲われている。英国でも同様である。

フランスでは、ジョセ・ボヴェを指導者とする農民連合、消費者運動、環境保護運動が遺伝子組み換えに、実力行使をして反対してきた。1998年1月8日、農民連合のジョゼ・ボヴェ他2名は、フランスのネラックにあるノヴァルチス社の実験施設に侵入、遺伝子組み替え植物を引き抜いた。さらに99年6月、モンペリエの農業開発協力センターの温室、情報記憶装置、植物を破壊した。[23]

98年2月3日の刑事裁判の第1回の公判で、ジョゼ・ボヴェは遺伝子組み替え植物の利用が開発者の利益を上げるためのもので、農民が望んでいるものではないと証言した。もし、ECがアメリカとWTOの圧力に負けるような事があれば遺伝子組み換え植物の規制なき拡散が傷つきやすい途上国に起こるであろう。世界銀行やIMFの融資により研究者が規制なき途上国で遺伝子組み換えに取り組めば、「砂漠の嵐」が吹き荒れるであろうと。この刑事裁判で、ジョゼ・ボヴェ、ロネ・リセル両名に禁固8カ月、罰金の刑がくだされた。執行猶予つきであった。

　99年8月12日、ミロで建設中のマクドナルドの店舗をブレビの酪農農民組合、農民連合（ジョゼ・ボヴェ）が、解体し、県庁まで運んだ。アメリカのフランス産チーズに対する報復関税に対しての抗議行動であった。ECによる、アメリカ産牛肉（牛成長ホルモンが残留するため）輸入禁止の報復措置で、フランス産チーズがアメリカに輸出できなくなって関係農民が苦しみ、これに抗議するための行動であった。

　OGMの反対運動は99年11月末からシアトルで開かれたWTOの閣僚会議に動員をかけ、これに抗議した。生物安全性に関するカルタヘナ議定書の採択のためのモントリオール会議にも多くのNGOが駆けつけた。2001年11月ドーハで開かれたWTO閣僚会議にもNGOが集まり、会議を監視した。ジョゼ・ボヴェもドーハにいた。

6．日本のOGMの輸入

　遺伝子組み替え食品は日本では生産されていない。日本は遺伝子組み替え食品の最大の輸入国となった。

　日本では1996年にアメリカ、カナダの企業より申請があり、97年9月輸入を承認した。除草剤耐性大豆、ナタネ3種、害虫抵抗性ジャガイモ、トウモロコシ2種の4品目7種についての承認があった。98年にはさらに除草剤耐性ナタネ4種、トウモロコシ、害虫抵抗性ワタ、トウモロコシ、ジャガイモ、日持ちトマトなどを追加して承認した。遺伝子操作食品の承認について審査する薬事・食品衛生審議会食品衛生分科会バイオテクノロジー部会に対して

は、ほとんど事務局のシナリオ通り申請されたOGMを認めてしまうという批判がある。[29]

　日本は年間1,600万トンのトウモロコシ、300万～400万トンの大豆を輸入している。[30]輸入先の米国、ブラジルのトウモロコシ、大豆はほとんど遺伝子組み換えである。食糧自給率の低い日本は、選択の余地がない。日本では家畜に遺伝子組み換え作物を食べさせ、卵、肉、牛乳を生産しているが、遺伝子組み換え作物を使用して育てたとの表示がないので消費者は知りようがない。

おわりに

　OGMの扱いについては、WTOや、生物多様性条約の締約国会議で論争をまきおこしてきた。WTOの規則によれば、健康、環境保護のために貿易を制限する措置は、暫定的にしか認められず、かつ貿易を制限する国に規制の科学的根拠を示す事が求められている（SPS規定：衛生および植物検疫措置の適用に関する協定）。生物多様性条約の締約国会議では、このWTOの規定を緩和し、予防原則を生物安全性に関するカルタヘナ議定書に入れる事で合意した。貿易担当大臣より、環境大臣がこの議定書作成により貢献した。カルタヘナ議定書により、OGMの貿易が規定されることになった。米国は生物多様性条約、カルタヘナ議定書に加入せず、自国企業の利益を最優先している。

　遺伝子組み換え技術は、貧しい国の貧しい農民を助ける事ができるかもしれないが、現実にはアメリカ、ブラジル、カナダ、インド、中国、パラグアイ、パキスタン、南アフリカでOGMを生産している。[31]2012年にOGMの栽培面積は1億7,000万ヘクタールになり、1996年の170万ヘクタールの100倍となった。[32]しかし、貧しい農民はOGMの特許料を払う購買力がない。

　遺伝子組み換え技術はIT技術、原子力とともに、きわめて巨大な技術であり、人間の健康や環境に与える影響は計り知れない。安全で健康的な食料の確保のためにOGMをもっと慎重に考えなければならない。

　遺伝子組み換え食品の人体に対する悪影響の研究が公表されているが、バ

第8章　遺伝子組み換え食品の生産と貿易

イテク企業は危険でないと主張している。危険性を主張した学者は職を失った。マスコミが遺伝子組み換え問題を議論することはない。マスコミは企業のもっともらしい宣伝を広めているだけである[34]。

注

(1) インゲボルグ・ボーエンス『不自然な収穫』光文社、1999年。
(2) 堤未果『㈱貧困大国アメリカ』岩波新書、2013年、p.80〜81。
(3) Financial Times, November 15, 2001.
(4) Le Monde Diplomatique, mai 2002.
(5) ibid.
(6) ibid.
(7) ec.europa.eu「遺伝子組み換え食品」の規制、2013.3.15.
(8) www.wto.org, "Disputes", 2013.3.15.
(9) アンディ・リーズ『遺伝子組み換え食品の真実』白水社、2013年、p.202。
(10) ジョン・ハンフリース『狂食の時代』講談社、2002年、p.218。
(11) アンディ・リーズ、同上、p.273。
(12) ibid., p.230.
(13) ibid., p.338.
(14) Robert Paalberg, "The Global Food Fight", Foreign Affairs, pp.24-38, May-June, 2000.
(15) インゲボルグ、ibid., p.88.
(16) ibid., p.78.
(17) バンダナ・シバ『緑の革命とその暴力』序文、日本経済評論社、1997年。
(18) ibid., p.75.
(19) インゲボルグ、ibid., p.302.
(20) The Daily Telegraph, June 8, 1998.
(21) インゲボルグ、ibid., p.302.
(22) インゲボルグ、ibid., p.300.
(23) Rene Riesel, "Declarations", Editions de l'Encyclopedie des Nuisances, p.98-102.
(24) ibid., p.102.
(25) Jose Bove, "Le Monde n'est pas Marchandaise," p.13, Le Grand Livre

第一部　問題群

　　　　　du moi, 2000.
(26)　ibid.
(27)　Le Monde, samedi 24 novembre, 2001.
(28)　「読売新聞」、1998年5月2日。
(29)　「消費者レポート」第1176号、2002年1月27日。
(30)　アンディ・リーズ、同上、p.284。
(31)　堤未果、同上、p.155。
(32)　堤未果、同上、p.156。
(33)　アンディ・リーズ、同上、p.218。
(34)　アンディ・リーズ、同上、p.224。

第 9 章　有毒化学物質の国際的規制

　化学工業の発展によりおびただしい種類と量の化学物質からなる製品が生産されている。化学物質からなる農薬の使用はその一例に過ぎない。既に1950年代から農業において農薬の乱用が始まり、自然界の異変が報告され問題化した。1962年、レイチェル・カーソンは「沈黙の春」を出版、警告を発した。また、せっけんにかわり合成洗剤が多用され、それに添加されている蛍光漂白剤とともに環境を汚し続けてきた。プラスチックも環境に捨てられたら、長年分解されず、毒性のある物質を出し続ける。

　食品添加物にも化学物質が使用され、毒性をもって人体を蝕んできた。さらにはごく微量の化学物質が、動物の内分泌システムをかく乱し、生殖作用、遺伝子に異常を与えるなどの問題を生んでいる。いわゆる環境ホルモンの問題である。人間は環境を食料として食べている。環境に排出されたこれら毒性の強い物質を体に取り込んでいる。

　毒性の強い化学物質を地球的規模で規制する作業が進行している[1]。ILO、EU、アフリカ連合、国連環境計画、OECDなどがその舞台である。

　海洋に廃棄物を投棄する事を規制するロンドン条約、国境を越える有毒ゴミの規制を目指すバーゼル条約、アフリカに有毒ゴミの搬入を禁止するバマコ条約、農薬の輸出時の規制を目ざすロッテルダム条約、難分解性有機毒性物（Persistent Organic Pollutants）の削減を目指すストックホルム条約がある。これら条約は、それぞれ締約国会議を通じて、具体的な規制措置を決めてきた。

1．バーゼル条約

　西アフリカのコートジボワールで2006年、欧州から持ち込まれた有毒産業廃棄物が経済の中心都市アビジャンのあちこちに捨てられ、15人が死亡、10万人が吐き気や頭痛を訴えて病院に駆け込む事件が起きた。コートジボワール当局の調べでは、液体から出るガスには硫化水素やメルカプタンの悪臭物

質、毒性の高い有機塩素が含まれていた。石油系廃液とみられ、8月半ばにアビジャン港に入ったオランダの石油・金属商社トラフィギュラがチャーターしたパナマ船籍のプロボコアラ号から、地元の廃棄物処理会社が用意した複数のタンク車に移し替えて捨てられた。[2]

この事件のように途上国へ有毒ゴミが輸出され問題を引き起こす事が多い。そこでこれらの輸出に規制を加えて対処しようとする事が考えられた。

有害廃棄物が国境を越え移動するようになると、受け入れ国に環境汚染が起こる。1980年代半ばに先進国から途上国へ有害廃棄物が輸出され、環境問題を引き起こした。国連環境計画（UNEP）の呼びかけで、1987年から有害廃棄物の越境移動を規制する国際環境条約をつくるための準備会合が開催され、1989年に交渉がまとまり、「有害廃棄物の国境を超える移動およびその処分の規制に関するバーゼル条約」 the Basel Convention on the Control of Transboundary Movements of Hazardous Wastes and their Disposal が締結され、1992年に発効した。事務局はジュネーブのUNEPに置かれている。2013年4月現在、アメリカを除く180ヵ国が加入している。[3]

この条約に特定する有害廃棄物及びその他の廃棄物の輸出には、輸入国の書面による同意を要する（第6条1～3）。締約国は廃棄物を最小にすること、及び適正な処理を義務づけられている。

「バーゼル条約の禁止修正条約」（BASSEL BAN AMENDEMENT）はいまだ発効していない。この修正条約は、OECD加盟国から非OECD加盟国へ、有毒物質を輸出してはならないと規定する。また「バーゼル責任、補償議定書」(Basel Protocol on Liability and Compensation for Damage Resulting from Transboundary Movements of Hazardous Wastes and their Disposal) は1999年採択されたがもっとも署名国が少ない。

2．バマコ条約

発展途上国の中には、バーゼル条約の規制が緩いとして、有害廃棄物の越境移動をより厳しく規制する条約を求める国があった。アフリカ諸国は、アフリカ統一機構の閣僚理事会合でバマコ条約という地域条約を1991年に採択

第 9 章　有毒化学物質の国際的規制

した。有害廃棄物のアフリカへの輸出の禁止、アフリカ内での国境を超える移動、規制に関する条約である。これにはモロッコと南アフリカが加入していないが、放射性廃棄物も規制対象にしているのは特筆される。

3．ロッテルダム条約

　開発途上国においては、有害な化学物質や駆除剤の製造・使用・輸入等の規制措置が整備されていないことが多く、先進国では廃絶された物質が広範に使用され、環境汚染、健康被害を引き起こしている。そこで、有害な化学物質や駆除剤に関する各国間の情報交換の制度化が進められてきた。

　1998年に、「国際貿易の対象となる特定の有毒な化学物質および駆除剤についての事前のかつ情報に基づく同意の手続に関するロッテルダム条約」Rotterdam Convention on the Prior Informed Consent Procedure for Certain Hazardous Chemicals and Pesticides in International Trade が結ばれ、2004年2月に発効した。2013年5月30日現在152ヵ国が加入している。アメリカは加入していない。

　先進国で使用が禁止または厳しく制限されている有害化学物質や駆除剤が、開発途上国にむやみに輸出されることを防ぐために、締約国間の輸出に当たっての事前通報・同意手続（Prior Informed Consent、通称PIC）を設けたのである。

　リストにあげられた化学物質の輸出は輸入国の同意のみにより可能となる。条約発効時、27物質がリストにあげられた。2013年4月の締約国会議では、さらに6種の化学物質が提案された。

　本条約は、情報交換を柱とする。加盟国は条約事務局に国内で禁止、または厳しく規制している有毒化学物質の規制措置を条約事務局に通告する。このような通告により、本条約のリストに当該化学物質を含めるかどうかを決定する。輸入国は、これらの物質の輸入を許可する、許可しないか、ある条件のもとで許可するのかを宣言するというものである。輸入国と輸出国の共同責任制度である

　化学物質判定委員会が各国の規制措置の報告を受理、対象物質のリストに

第一部　問題群

載せるべき物質の提案を受ける。判定基準は、条約の付属書2にあげられている。

4．ストックホルム条約（残留性有機汚染物質に関するストックホルム条約）

難分解性で毒性の強い化学物質を国際的に規制する目的でむすばれた。特にpersistent organic pollutantsとして12種類のものがまずリストにあがった。アルドリンなどの農薬、PCB、ダイオキシン類が含まれる。DDTは制限物質に指定された。

締約国会議で禁止物質を決める。製造、使用、輸出入が禁止される。2009年の締約国会議で、新たに9物質をPOPSとして禁止リストに加える事を決定した。[9] 2013年4月のCOP6ではHBCD（難燃材）を追加した。

1997年2月の第19回UNEP管理理事会において、POPSの規制について1998年から法制化に向けた国際交渉を開始し2000年末までに結論を出すことが決定された。1998年6月から5回にわたってPOPSの規制に関する政府間交渉会議が開催され、2001年5月、ストックホルムで行われた外交会議において、「残留性有機汚染物質に関するストックホルム条約」が採択された。条約事務局はジュネーブのUNEP内に設置されている。2013年2月現在179ヵ国が加入している。[10] アメリカは加入していない。

POPSを規制する必要性に合意したものの、多くの参加国は、POPSの使用を限定された期間使い続ける事を容認するよう主張した。DDTについての限定的使用を認める件や、PCBを含む既存の器具の利用を2025年まで認めた。また締約国会議に認められれば、特定の国がPOPSを5年間限定された利用法で使い続けることが許される。

専門家より構成されるPOPS委員会が設置された。委員会は定期的に会合し、危険物質を調査し、禁止リストに載せるかどうかの提案を締約国会議に行う。EU委員会、EU加盟国は、予防原則に基づき早目の規制を主張するが、アメリカ、オーストラリアは、もっとはっきりとした調査により毒性の証明があるまでは禁止リストに載せる事を認めない。この2つの立場の妥協で規制が進められる。[11]

第9章　有毒化学物質の国際的規制

　本条約は、途上国、経済体制移行国への財政的援助に関する規定がある。先進国が資金面と技術面で援助しなければならない。地球環境基金（GEF）が暫定的に主要な援助機関とされている。⁽¹²⁾

5．水銀に関する水俣条約

　水銀は気流に乗り地球をめぐる。海に流れ込み、水銀をためた魚を食べると人体に入る。人の活動による大気への水銀排出は年に2,000トンとUNEPは推定する。⁽¹³⁾

　2013年1月に、140ヵ国が参加した政府間条約交渉委員会は、「水銀に関する水俣条約」を2013年10月に熊本県で開かれた外交会議で採択した。2010年のUNEPの管理理事会の決定で政府間の交渉が始まり、その内容が合意されたのである。日本の水俣病の教訓を前文にいれ、今後、新規の水銀鉱山の開発禁止、既存の鉱山を15年以内に閉鎖する事、水銀を使った16品目の製造禁止、水銀の貿易の規制などの内容を含む。⁽¹⁴⁾

おわりに

　有害化学物質に対する国際的規制は諸条約、諸国際機構、地域的条約、地域機関によりバラバラな状態で行われている。バーゼル条約、ロッテルダム条約、ストックホルム条約は中心的枠組みを形成している。それぞれに、異なった物質、その物質の特定の段階（生産、使用、貿易、処理など）でこれら3つの条約が行っている。⁽¹⁵⁾

　2013年4月28日から5月10日までバーゼル条約第11回締約国会議がジュネーブにて開催された。同時にロッテルダム条約締約国会議（COP6）とストックホルム条約締約国会議（COP6）も開かれ、かつ3条約合同締約国会議を開いた。各条約の執行をより効果的にするためである。⁽¹⁶⁾

　化学物質の規制を調整、調和するための努力は、UNEPの指導のもとで進められてきた。2001年UNEPの理事会は、化学物質に関する条約による措置を総合化するための議論を行った。2001年9月、国際環境規制に関する環境閣僚会議で、化学物質を取りあげる事とした。その報告書が2002年、環境閣

第一部　問題群

僚フォーラムに提出された戦略的化学物質管理法（STARATEGIC APPROCH TO INTERNATIONAL CHEMICALS MANAGEMENT（SAICAM）である。[17]
2003年のUNEP理事会はこれを取り上げ、案を作ることを決めた。2006年、採択のための国際会議を開いた。こうしてSAICMは、化学物質の表示、分類、標準化を形成する物であり規制を行うための第一歩となった。

中心的条約による対策作りから、条約の積極的適用を行う段階に入った。化学物質を規制する諸条約を調整、調和し行動をとる事が必要である。もっと条約に参加する国を増やし、途上国に財政的援助をおこなうことが急務である。有毒化学物質の生産を減らし、化学物質のライフサイクルを通じた管理体制を作らねばならない。[18]

注

（1）不燃材料として使用されているHBCDは化審法（化学物質の審査及び製造等の規制に関する法律）による監視化学物質（難分解性を有しかつ高濃縮性があると判明し、人又は高次捕食動物への長期毒性の有無が不明である化学物質）に指定され、国が製造・輸入数量の実績等を把握し、合計数量を公表することになっている。それまでは、PBDEが難燃剤として使用しされてきたが、2009年、環境ホルモン作用があるとされ、ストックホルム条約で禁止された。

2010年度におけるHBCD製造・輸入数量の実績は3,019tで、2004年以降3,000t前後で推移している。それまで臭素系難燃剤と言えば、ポリ臭素化ジフェニルエーテル（PBDE）が主に使用されていた。しかしながら、PBDEは環境中で分解されにくく（難分解性）生物に蓄積すること（高濃縮性）、また甲状腺ホルモンとの化学構造の類似性から、甲状腺ホルモンに由来する生体内反応を阻害すること（内分泌かく乱作用）が判明し、2009年に「ストックホルム条約における新規残留性有機汚染物質（POPS）」に指定された。HBCDは2011年の「ストックホルム条約検討委員会」において条約の規制対象物質とする提案がなされるなど、その環境汚染の影響が国際的に審議されているものの、現在も主要難燃剤として使用されている。環境省が行ったHBCDの6週間投与による鳥類繁殖毒性試験報告（2010）では、第一種特定化学物質相当と疑うに足りると公表さ

第 9 章　有毒化学物質の国際的規制

れている。以上、www.iph.pref.osaka.jp「HBCDによる環境汚染」2013.3.28.
（ 2 ）http://www.ne.jp/asahi/kagaku/pico/basel/BAN/06_10_17_Ivory_tragedy.html, 2013.4.22.
（ 3 ）www.basel.int, 2013.4.21.
（ 4 ）www.d-arch.ide.go.jo. 井上秀典「有毒廃棄物の国境を超える移動を巡る国際法」2013.3.30.
（ 5 ）www.mofa.go.jp, 2013.3.28「ロッテルダム条約」
（ 6 ）www.pic.int. Rotterdam Convention, 2013.4.21.
（ 7 ）David Downie, Jonathan Kruger and Henrik Selin, "Global Policy for Hazardous Chemicals", The Global Environment, CQ Press, 2005, p.133.
（ 8 ）www.pic.int, ROTTERDAM CONVENTION, 2013.4.21.
（ 9 ）www.environment.gov.au, Stockholm Convention on the Persistent Organic Pollutants, 2013.4.21.
（10）www.environment.gov.au, Stockholm Convention on the Persistent Organic Pollutants, 2013.4.21.
（11）David Downie, Jonathan Kruger and Henrik Selin, ibid., The Global Environment, CQ Press, 2005, p.135.
（12）ibid., p.136.
（13）「朝日新聞」朝刊、2013年 1 月20日。
（14）www.mofa.go.jp.［水銀条約］2013.4.9.
（15）www.synergies.pops.int, 2013.3.28.
（16）David Downie, Jonathan Kruger and Henrik Selin, ibid., p.141.
（17）ibid., p.138.
（18）ibid., p.141.

第10章　原子力エネルギーと環境

　1938年、原子核が分裂するときに多量のエネルギーが発生する事がドイツのオットー・ハーン（Otto Hahn）らにより発見された。この反応を利用して原子爆弾を作る事が可能となった。ナチスドイツのユダヤ人絶滅計画から逃れたユダヤ人科学者達は、ルーズベルト大統領に侵略戦争を進めるドイツに先んじて核兵器の開発を進めるよう進言した。こうしてアメリカはマンハッタン計画を作り、核兵器の開発を秘密裏にすすめた。

　1945年になりようやく原子爆弾が完成した。ドイツは1945年5月6日に降伏したが、5月31日、米国は日本にたいして核兵器の使用を決定した[1]。英国は7月4日、原爆の対日使用に同意した[2]。こうして原子力は戦争の武器として誕生した。戦後アメリカの核兵器の独占は崩れた。ソ連などの諸国が開発を進め、核兵器が拡散していった。核実験が繰り返され、地球上に放射能がばらまかれた。

　1945年8月アメリカは広島、長崎に原子爆弾を投下し、数十万人の無防備な市民を殺戮した。いわゆる非戦闘員に対する無差別攻撃であり、国際人道法に反するものであった。さらに1954年3月、アメリカはビキニ環礁での水爆実験をおこない、日本のマグロ漁船の第5福竜丸に放射能をあびせた。この船の無線長久保山さんは、この被曝により6カ月後死亡した。太平洋に出漁中の他の漁船や捕獲したマグロも放射能をあびた。

　この年から日本は、アメリカの核技術を輸入して、原発の建設をはじめた。GE（ジェネラ・エレクトリック社）のBWR型（沸騰水型）原子炉が福島第一原発に導入された。マーク1と呼ばれる炉で、1号機、2号機、3号機、4号機、5号機がこれである。

　原発の導入は「原子力の平和利用」と「原子力の安全性、経済性」を日本人に信じ込ませた上で進められた。正力松太郎（1885～1969）読売新聞社長・日本テレビ社長は、1956年初代原子力委員会委員長に就任して原発を日本に根づかせた。正力松太郎はマスコミのボスとして原子力の安全性と経済性を

第一部 問題群

宣伝し続けた。背後にCIAの働きかけがあった。こうして日本人の核アレルギーを脱却させ、安全神話が植えつけられた。[3]

1963年、東海村で初めて商業用原子炉が稼働して以来、各電力会社は原発を導入し、2011年3月には54基が稼働するまでになった。

1．原子力発電所の日常運転

原子力発電所の日常運転により排出される気体、液体の廃棄物は個体の廃棄物よりも放射性レベルが低い。大気や水の中にひろがって薄まるという理由で環境中に捨てられる。原子力発電所が稼働すると排気塔から、また排水溝から放射性物質が排出され、周辺に拡散される。[4]平常運転により必然的生成物質のプルトニウムが指数関数的に増大する。

古くから高線量の放射線が生命体に与える影響はよく知られてきた。低線量放射線については近年まで不明にも関わらず、微量なら安全として原子力発電所開発が進められてきた。これに対しては不明を安全にすり替えてきたとの指摘がある。[5]

微量放射線による晩発性障害の発症には、10年以上かかり、遺伝的影響も25年以上たってからあらわれる。[6]アメリカのドレズデン原発の周辺地域の乳幼児死亡率は、原発からの放射性気体の排出量と相関関係を示した。

1994年8月～10月に明石昇一（記者）は、日本原子力発電所敦賀原発から半径10km以内に住む1,141世帯を調査した。[7]対象の全戸を訪問、60％から回答を得た。白血病3人、悪性リンパ腫5人、甲状腺ガン1人が見つかった。過去3年間の死亡率では、悪性リンパ腫は全国平均の2.28倍、風下の集落では12.22倍の発生を示した。[8]

原発で働く労働者の被曝は日常的になっている。原発は古くなるほど放射能を蓄積する。作業環境の悪化とともに作業員の被曝量が急増する。[9]作業従業者の大部分は、下請け企業の従業員や、日雇い労働者である。下請け労働者の無知を利用して、危険区域での作業に従事させる傾向がある。社員のように定期検診もなく被曝手帳さえ交付されないなど無権利状態に置かれている。臨時労働者となったときから、被曝者線量については、職業人として扱

われ一般人の被曝基準から外れる。日本では１ミリシーベルト／１年が一般人の安全基準である。職業人の基準は、20ミリシーベルト／１年となっている。この職業人の基準は20ミリシーベルト／１年で125人のうち１人は、がんで死ぬとされる。１ミリシーベルト／１年は日本の定めた年間１万人に１人がガンにより死ぬという被曝許容量である。しかしゴフマン博士の評価は１万人のうち４人がなくなるとしている。(10)

労働者被曝の問題は、遺伝的障害に関する限り労働者個人の問題ではない。遺伝学的には、集団中の突然変異の程度が問題となる。集団の誰が被曝しようと数世代後を考えれば同じである。労働者被曝は既に人類全体の将来を脅かし始めた。(11)

２．温排水

海水がなければ原子炉を冷却できず運転はできない。原子炉内でウランを反応させて、放射能と熱を発生させる。この熱により水を水蒸気にしてタービンを回し、発電を行う。原子炉の出す熱のうち３分の１がエネルギーに転換されるが、残りの３分の２は温排水として海に捨てるのである。海水がなければ原子炉を冷却できず運転はできない。100万kWの原子炉の場合、200万kW分の熱で海水を暖めるのである。取り込んだ時の温度より７度高い海水を１秒間に70トン海に捨てる。(12)海暖め装置が原発と言いうる。この温排水により、海の環境は大きな影響を受ける。原発を建設するとき、漁業補償をするのはこのためである。

海水には多くのプランクトンが住んでいて、原発の配管内にくっつく。これらの生物を殺すために薬剤を使用するので、これらの毒性のある薬剤が温排水とともに海に捨てられる。

３．核廃棄物の処理

原子力発電所の増加、発電の継続は、必然的に放射性廃棄物の増大を意味する。核廃棄物は使用済み核燃料、事故処理によるがれき、汚染水、廃炉によるゴミ、低レベル放射性廃棄物と様々である。

第一部　問題群

　放射性廃棄物は、無害化できないので、人から隔離して貯蔵するしか方法がない。何十年、何百年、何万年、何億年と、人類から放射性物質を隔離できる安全な所を確保できるのかどうか。地殻は動き、地下水が浸入する。地震、津波、事故、武力攻撃に耐えられる施設が作れるのであろうか。

　放射性廃棄物を太平洋に投棄する計画がたてられたが、投棄する海域の周辺国の反対で、実行せず断念した。深海底に沈めても、生物により濃縮が起こり、人間に戻ってくる。1993年、海洋投棄条約により、すべての核廃棄物の海洋処分は禁止された。(13)

　低レベル廃棄物（ドラム缶づめ）は各原子力発電所に貯蔵してきたが、貯蔵庫の収容能力を超える所が出てきたので、六ヶ所村に低レベル放射性廃棄物埋設センターを建設し搬入している。低レベル放射性廃棄物とは、高レベル廃棄物以外の廃棄物である。

　使用済み核燃料は各発電所の敷地内に保存してきたが、保管場所がなくなり搬出しないと原発の操業を停止しなければならない事態となる。とりあえず、六ヶ所村の再処理工場の横に、使用済み各核燃料の中間貯蔵所をもうけ、そこへ運ぶ事で一時しのぎをしている。

　使用済み核燃料の再処理工場（六ヶ所村）は、1997年以来操業を目指してきたが、今日まで稼働できずにきた。再処理工場は使用済み核燃料からプルトニウムを取り出し、他のものはガラス固化するのである。ガラス固化体は高レベル放射性物質であり、数万年以上の隔離が要求されるのである。

　また2013年8月には、むつ市の関根浜に使用済み核燃料の貯蔵所（5,000トン）を作る工事が完了、関根浜の港からここに搬入が始まる。この貯蔵所は、50年経てば搬出する前提でつくられた。海岸から200メートルの低い場所に建設され、つなみが来ればひとたまりもない。搬出場所は未だ決まっていない。最終処分地はどこか青森県外に決める前提で、あくまで一時保管する名目なので、中間貯蔵と名付けられた。

　永久貯蔵所については2000年、政府は「特定放射性廃棄物の最終処分に関する法律」を作った。特定放射性廃棄物とは、高レベル放射性廃棄物の事である。この法により原子力発電環境整備機構を作り、候補地をさがしている。

第10章　原子力エネルギーと環境

しかし、未だその場所は決まっていない。

4．事故

100万kW級の原子炉は、1年で1トンのウランを燃やす。広島の原爆はウラン800グラムで14万人を殺戮した[(14)]。原子力発電所の事故は放射能をまきちらし、環境と人に重大な影響を与える。

（1）スリーマイル島原発事故

原子炉が溶けた事故として、1979年3月米国スリーマイル島の事故がある。2号炉（96万kW級のPWR）から冷却水が失われ、炉芯の核燃料の45％、62トンが溶け、圧力容器の底にたまっていた[(15)]。給水回復措置により、これ以上の事故の拡大を防止した。おりしも、ジェーン・フォンダ主演の「チャイナシンドローム」という原発事故の映画が封切られた時にこの事故が起った。

（2）チェルノブイリ原発事故

1989年4月のチェルノブイリ原発は出力100万kWで運転されていた。広島原爆2,600個相当分の死の灰を含んだ状態で、水蒸気爆発をおこした[(16)]。

事故処理にあたった人、事故により被曝した住民など事故による死者は公式には4,000人と報道されたが、実際は、100万人が死亡したとの報告もある[(17)]。患者が放射能汚染でガンなどで死亡しても医者が診断書にそうとは書かなかったのである[(18)]。

「1986年4月26日、ウクライナ共和国のチェルノブイリ原発4号炉が爆発炎上して、大量の放射能をまきちらしました。原子炉から半径30kmの範囲や300kmもはなれた高汚染地域が永久に居住禁止となり、500もの村や町が消え、40万もの人びとが故郷を失いました。放出された放射能のために大人にも子どもたちにもガンや白血病などの病気が多発しました。

現在も汚染地域には500万人の人びとが暮らしています。現地では、甲状腺ガンや白血病、そのほかの疾病はいぜんとして多発しており、その

75

第一部　問題群

　　傷跡はいまも続いている。高い汚染地域からの移住した人びとは生活環
　　境の急変のために苦しい生活をしいられながら、運命と向きあい、懸命
　　に暮らしている。」
　　引用：原子力情報資料室　2006年4月チェルノブイリ原発事故20周年シ
　　　　　ンポジウム資料より、www.cnic.jp/modules/chernobyl 2013.3.
　チェルノブイリ事故の対策費として、今日も、白ロシアは20％、ウクライ
ナは5％、ロシアは1％の国家予算を使っている（アレクセイ・ヤブロコフ
「チェルノブイリの教訓を日本へ」『世界』、2013年8月号、p.86）。

（3）福島第一原子力発電所事故

　2011年3月11日、激しい地震と津波により、福島第一原子力発電所はすべ
ての電源を失った（ステイション・ブラックアウト）。これでは炉の様子をモニ
ターしたり、水を原子炉に送り冷却することができない。冷却水を失い、ウ
ラン燃料がむき出しになり、溶け出した。ウラン燃料を包んでいるジルコニ
ウム合金により水素ガスが発生、1号炉、3号炉の建屋内で爆発がおこった。
さらに2号炉、4号炉で爆発をおこした。1号炉、2号炉、3号炉では原子
炉が溶けた（4号炉は点検中で、核燃料は、原子炉内になく、横のプールにつけ
られていたので、原子炉の溶融にはいたらなかった。プールの水がなくなったら、
核燃料が溶け出す危険がある）。この事故により大量に放射能を環境中に放出、
少なくとも原発敷地から30キロ以内の地域を人の住めない場所にしてしまっ
た。福島県の避難者は2013年3月現在15万4,285人を数える。
　2011年4月には10万トンを超える汚染水が原子炉建屋にたまり、地下、海
へと放射能が漏れ続けている。4月初旬、東電はこの汚染水1万1,500トンを
海にすてた。2013年3月、増え続ける放射能汚染水は、40万トン（うち貯蔵
タンクに27万トン）に達した。東電は海洋放出をもくろんでいる。
　地下の高濃度汚染水の海洋流出が2013年8月になっても止まらない。汚染
された地下水は海洋に流出している（日本経済新聞朝刊、2013.8.4）。
　一番危険なのは4号炉である。4号炉には、使用済み核燃料1,535体を入れ
たプールがあり、これが破損すれば、爆発、放射能汚染は東日本を居住不可

能な土地にする。フランスの週刊誌Le Nouvel Observateur (No.2228.du 23 au 29 aout, 2012) はこの4号炉が一番危険と指摘した。ドイツの週刊誌Der Spiegelも同様である（Der Spiegel, 12/21.3.11）。

　福島第一原発の廃炉には、40年はかかるとされる[24]。このように福島第一原発事故収束の見通しは立っていない。

　IAEAとWHOはチェルノブイリ、福島原発事故を過小評価している。被害を小さく見積り、事故は重大ではなかったとの態度が明白である。これは、IAEAが原発推進のための組織であることと関係している（同上、アレクセイ・ヤブロコフ）。

（4）事故は起こらないという原発安全神話
　原子炉では、放射能を五重に封じ込めているので、放射能が漏れ出る事はない。ウランはペレット（陶磁器）に焼き固められている。ペレットを覆うジルコニウム合金の容器、圧力容器、格納容器、建屋と五重に防護されている。何重にも電源が確保されていて、ステイション・ブラックアウトは起こらない。ましてや、炉芯にある核燃料が溶ける事は起こりえない。また原子炉が爆発する事もない。

　原子力村（経済産業省、文部科学省、発電会社、原子炉メーカー、大手建設会社、大手銀行、大学の原子力研究者、マスコミからなる利益集団）は安全神話をばらまいてきた。しかし、福島第一原発事故はこれらの安全神話を砕いた。

5．コストについて

　原子力発電のコストは低いと宣伝されてきた。原発をやめると電気料金が上昇するとしている[25]。電気代は、すべての必要経費を計上し、4.4%の報酬を加えて算定される。総括原価方式により決められる。高い建設費の原発を作れば作るほど高い電気代を徴収できる。電力会社は地域独占であり、好き放題に電気代を上げてきた。

　2004年の政府試算の発電価格をマスメデアはそのまま検証せず、引用してきた[26]。同上各地の原発PRセンターにも同じ発電単価を示した表がある。原

発5.3円、天然ガス6.2円、石炭5.7円、石油10.7円とされてきた。[27]立命館大学の大島堅一は、これを調査した。原発のコスト計算は、膨大な政府予算(研究開発費、立地対策費)が入っていない。設備稼働率では、火力、原発とも80％の稼働を仮定している。現実には、原発60％、火力30％しか稼働していない。[28]夜間の原発余剰電力を利用するために作られた揚水発電ダムの費用も含めて計算すると、原発が一番高くなる。さらに放射性廃棄物の処分、いわゆるバックエンド費用を安く計算している。もちろん、事故の処理費用は、入れていない。原発のコストが安いというのは、ウソという事である。

表　電源別の発電コスト

	大島堅一（実績値）	電気事業連合会（モデル計算）
原　発	10.7円/kWh	5.3円/kWh
石　炭	9.8円/kWh	5.7円/kWh
ＬＮＧ	9.8円/kWh	6.2円/kWh
石　油	9.8円/kWh	10.7円/kWh
水　力	4.0円/kWh	11.9円/kWh

出典:『世界』2011.9、p.197より。

6．原発は続くのか―ドイツ、イタリア、オランダ、ベルギーの脱原発と対照的な日本の継続政策

（1）50基再稼働

2012年5月5日、北海道の泊原発が定期点検のため運転を停止、このとき、日本のすべての原発は停止した。しかし、2012年6月8日首相が再稼働を容認すると、7月1日、福井県の大飯原発3号機が再起動、7月18日、4号機が再起動した。他の原発も徐々に再稼働をすべく準備中である。

関西電力の再稼働の理由は、電力不足がおこるというものであり、夏には、13.9％の電気が不足するというものであった。ところが、大飯原発3号機(118万kW)の再稼働に伴い、火力発電所6基(300万kW)を停止するとした。さらに4号機118万kWの稼働を見込むと、236万kWを再稼働の原発で補うことになる。停止する火力発電所の300万kWから差し引くと64万kW削減す

る事になる。電力不足は嘘であることがわかる。⁽²⁹⁾

電気料金は会社の総括原価をもとに計算され、利潤が保証されているためである。原発を再稼働させればもうかるから、稼働しただけなのである。原発を動かせば、それだけ儲かるためであった。

2012年12月に発足した安倍自民党政権は、原発の活用政策を取っている。⁽³⁰⁾2013年5月、自民党の国会議員は、原発推進連盟を結成した。⁽³¹⁾2013年6月には105人を数えた。2013年7月21日の参議院選挙で自民党は圧勝し、過半数を取った。2013年7月22日、朝日新聞の社説は、原発回帰への拍車がかかったと報じた。

7．新規原発の建設、輸出

2013年の3月の時点では、下北半島では福島原発事故を差し置いてそれぞれの工事が進行している。むつ市の使用済み核燃料の貯蔵所の建設は完成が間近い。砂浜海岸から200メートルの低地に、松林をすべてなぎ倒して、貯蔵所を作っている。津波がくればすべて海にもって行かれることは容易に想像できる。今年8月に完成、10月より、使用済み核燃料を受け入れる予定である。収容能力は5,000トンである。関根浜の港から貯蔵所まで400メートルほどの専用道路を同時に建設している。この港は原子力船「むつ」の母港として作られたもので、今も原子力研究開発機構が維持しているところ、これを使用して貯蔵所に運び込むという訳である。原子力船「むつ」を解体した核廃棄物も近くに保管されている。砂浜の海岸線と松林が切り崩され、コンクリートの巨大な構造物ができつつあり、自然の破壊という点でも許しがたい。

大間原発は138万kWのABWR（炉）で、プルトニウムとウランを使う炉である。2012年の10月より工事を再開した。対岸の函館市から30キロも離れていないので、事故が起これば函館は廃墟となる。函館市として、建設差し止めの訴訟をする準備が進んでいる。大間町長は2012年12月、無投票で再選されたが、原発は争点でなかった。

六ヶ所村の高レベル放射性廃棄物貯蔵所に2013年2月27日、イギリスから使用済み核燃料再処理から出たガラス固化体28体が届いた。⁽³²⁾六ヶ所村の25年

第一部　問題群

度予算は35%増で組まれた。

　山口県上関原発予定地では、原発建設の予定地の埋め立てが2013年5月現在、問題となっている。県知事が埋め立て免許を与えれば、工事が進行する。知事が、免許をあたえる状況が伝えられている。2013年6月26日の株主総会で社長は上関原発の建設を進めると述べた。運転停止、新設禁止提案は否決された。[33]

　島根原発3号炉（137.3万kW）の建設は2012年9月に終了、敷地内の運び込まれた核燃料872体を炉に入れれば運転が開始できる状態である。[34]

　ベトナムへ2基の原発を輸出する計画が進行している。

8．使用済み核燃料再処理工場ともんじゅの維持

　使用済み核燃料再処理工場は今年10月に完成予定である。工場は平成9年に完成予定だったが19回も延期。使用済み燃料から出る高濃度の放射性廃液をガラスで固める「ガラス固化体」工程がトラブル続きだったためである。

　国内の原発には約1万4千トンの使用済み燃料がたまっており、貯蔵プールは7割が埋まっている。

　六ヶ所再処理工場は1年間で約800トンの使用済み燃料を処理し、約8トンものプルトニウムを分離する。使用済み燃料は膨大な放射能の塊で、再処理工場はこれをブツ切りにし、大量の化学薬品を使ってプルトニウム、燃え残りのウラン、死の灰（核分裂生成物）に分離する巨大な化学工場である。そのためたとえ事故でなくても、日常的に大量の放射能を放出する。高さ150メートルの巨大な排気筒からは、クリプトンをはじめとしてトリチウム、ヨウ素、炭素などの気体状放射能が大気中に放出される。しかし国は、これらの放射能が「大気によって拡散するので問題はない」としている。また六ヶ所村沖合3kmの海洋放出管の放出口からは、トリチウム、ヨウ素、コバルト、ストロンチウム、セシウム、プルトニウムなど、あらゆる種類の放射能が廃液に混じって海に捨てられる。[35]再処理工場は原発1年分の放射能を1日で出す。[36]

　電気事業連合会の試算によると、今後の増設分を含んだ建設費が約3兆

3,700億円、工場の運転・保守費に約 6 兆800億円、施設の解体・廃棄物処分費用が 1 兆5,500億円、総額約11兆円もの経費がかかる。さらに六ヶ所工場の費用を含めたバックエンド費用（後始末の経費）の総額が約19兆円にも達する。[37]

　もんじゅを廃炉とせず、維持する政策が取られている。1995年の事故以来、原子炉は停止中であるが、性能試験を実施している。[38]

　スイス、ドイツ、イタリア、オランダ、ベルギーの脱原発と対照的な日本の原発維持、新規建設、再処理工場の継続が明らかである。巨大な事故が起こらなければ日本の原発推進は止まらないと考えたが、事故が起こり犠牲者がでても原発が止まらない状況が明らかである。

　2011年、メルケル首相の作った倫理委員会の委員ウルリッヒ・ベックは、「確実なことは、次の大きな原発事故だ。フクシマ後に原子力を是とするのは非理性的である。この態度は時代遅れのリスク概念に基づいている。原子力を段階的に廃止することが理性にかなう」と述べた。[39]

　核技術は軍事利用（爆弾）から始まり原子力発電に応用されるに至ったが、放射能を大量に発生させ人類の生存に脅威を与えている。

注

（１）www.wikipedia.org.「原子爆弾投下の歴史― 3 」2013.3.25.

（２）「京都新聞朝刊」、2013年 8 月 5 日（月）。

（３）國米欣明『人間と原子力激動の75年』幻冬舎ルネサンス、2013年、p.210。

（４）こうした放出により周辺の環境放射線被爆量の増加は、年間 5 ミリレム以下に抑えるとしている。政府は、原発周辺の環境放射線量の対外被爆を年間 5 ミリレムと設定した。

（５）市川定夫、「微量放射線の生物的的医学的危険性」『原子力発電の危険性』、技術と人間、1977年、p.138。

（６）市川、同上、p.149。

（７）「週刊プレイボーイ」1994年11月22日号「調査スクープ」悪性リンパ腫多発地帯の恐怖！

（８）同上。

第一部　問題群

(9) 市川、同上。
(10) 小出浩章『原発はいらない』幻冬舎、2011年、p.185。
(11) 市川、同上、p.147。
(12) 小出浩章『隠される原子力・核の真実』創史社、2010年、p.77。
(13) 磯崎博司『国際環境法』信山社、2000年、p.12。
(14) 小出浩章『隠される原子力・核の真実』創史社、2011年、p.59。
(15) www.wikipedia.org.『スリーマイル島原発事故』2013.3.25.
(16) 小出、同上、p.60。
(17) 広瀬・赤石『原発の闇を暴く』集英社新書、2011年、p.13。
(18) 広瀬・赤石、同上。
(19)「福島民報」、2013年3月5日。
(20) 小出浩章『原発はいらない』幻冬舎、2011年、p.78。
(21) 小出浩章『原発と放射能』河出書房新社、2011年、p.32。
(22)「赤旗」日曜版、2013年3月17日。
(23) www.cnic.jp, 2013.3.26.
(24)「赤旗」日曜版、2013年3月17日。
(25) 広瀬隆『原発破局を阻止せよ』朝日新聞出版、2011年、p.136。
(26) 同上、p.138。
(27) 同上、さらに大島堅一『原発のコスト』岩波新書、2011年。
(28) 同上、p.139。
(29) 小出浩章『この国は、原発事故から、何を学んだのか』幻冬舎、2012年、p.22。
(30) 小出、同上、p.19。
(31)「日本経済新聞」朝刊、2013年6月2日。
(32)「反原発新聞」第420号、2013年3月20日。
(33)「山口新聞」、2013年6月27日。
(34) www.sankei.jp.msn.com. 2013.3.26.
(35) 原子力情報資料室　2013.3.26. cnic.jp.
(36) 原子力情報資料室　2013.3.26. cnic.jp.
(37) 同上。
(38) www.jaea.go.jp. 2013.3.26.
(39) マイケル・シュナイダー「フクシマ・クライシス」『世界』2011.9、p.190。

第二部　組織的対応

第11章　地球環境と国際関係

はじめに

　1970年代から、地球の環境がますます悪化しているのではないかという認識が高まってきた。諸政府、非政府団体、国際組織が「環境」を問題として取り上げ、認識し、その解決のための方策を探し求めている。国家間の関係を見てみると、軍事力による脅し、経済力の誇示による競争的、闘争的なものがある一方、環境を守るための対策をお互いの利害を調整しつつ取っていこうとする動きがある。本章では20世紀終わりから21世紀の生態学的均衡の崩れつつある地球を人類の住みやすい所にするための国際社会の取り組みを外交という視点から見よう。

１．環境外交の展開
（１）スウェーデンの環境会議提案

　1960年代、日本は経済成長を続けていた。国民所得が増え、車、クーラー、カラーテレビが普及していく。一方、水俣、四日市など各地で、ひどい公害病が広がっていた。スウェーデンでは森林が枯れ始め、湖から魚が消えていった。スウェーデン政府はその原因を酸性雨と睨み、発生源を辿った。それらが、外国の工場群よりもたらされるものと判明した。そこで問題の解決は、一国の努力だけではどうにもならず、国際的協力によるのが一番という判断をしたのである。

　しかしてスウェーデンは1968年５月の国連経済社会理事会において、国連人間環境会議の開催を提案、全会一致の賛同を得た。同年12月の国連総会では55ヵ国の共同提案として開催を呼び掛け、全会一致の賛成を得た。ただちにこの会議のための事務局が作られ、1972年にストックホルムで国連会議を開く準備を始めた。

第二部　組織的対応

2．開発途上国の主張

　ストックホルム会議の準備にあたっての最大の問題は、開発途上国の関心をどう高めるかであった。当時、環境問題は一部の先進工業国の汚染の問題であって、貧困に苦しむ開発途上国は関係ないとする考え方が強かった。そこで開発途上国の主張を大幅に取り入れることに事務局は心を砕いた。各地域で作業部会を開いた。途上国の主張は、開発の遅れこそが環境問題であるというものであった。汚染の責任は先進工業国にあり、途上国の開発を妨げるような環境会議は認めないという主張であった。

　1970年の経済社会理事会は、ストックホルム会議の議題決定にあたっては途上国の環境問題を考慮することが不可欠と決議、これを受けて国連総会は、開発途上国の開発の特別の必要性を考慮することを求めた。1971年2月の第二回準備委員会では、途上国の主張を主要議題「開発と環境」として取り上げることを決めた。こうして「開発と環境」はストックホルム会議が取り上げる6つの議題の1つとなったのである。

　1971年11月、77ヵ国グループはリマに集まり、翌年開催される第三回UNCTAD（国連貿易開発会議）総会に対する共同戦略を検討したが、その時にストックホルム会議でも共同の行動を取ることを確認した。このグループは、同年12月の国連総会において「開発と環境」案を提出した。先進国が汚染を起こしているのでその費用は先進国がこれを支払い、途上国の環境問題は開発により解決されるべきこと、先進国の環境政策は途上国の開発の可能性を奪うものであってはならず、また貿易拡大の妨げにならないことを強く求めた。

　この決議案に対し、英国、米国は反対し、日本、西ヨーロッパ、東欧諸国は棄権（合計34票）した。ここに至り初めて票が割れ、環境会議にも南北問題の影がさしていることがはっきりした。1968年の開催決定時には、誰もこのような対立を予想しなかった。

3．国連専門機関の活動

　この頃、国連の各専門機関、その他の国際組織はすでに環境問題に対して

取り組みを始めていた。しかし、その取り組みは専門的、技術的な側面において進められており、国連総会を舞台とする政治的な取り上げ方とは異なっていた。国際組織の取り組みの一例を示そう。1972年前後の頃である。

　IMCO（政府間海事協議機関）：船舶による海洋の油汚染の防止
　UNESCO：環境教育、人間と生物圏保存計画、文化遺産、自然遺産の保護
　FAO（食料農業機関）：水産にかかわる海洋汚染、農薬問題
　WHO（世界保健機関）：都市の大気汚染調査
　WMO（世界気象機関）：気候変動、温暖化
　国連海洋法会議：海洋環境の保護一搬
　IAEA（国際原子力機関）：放射性物質の海洋投棄

　第一次大戦後、国際連盟と米国政府は国際会議を共催し、油による海洋の汚染防止策を検討した。しかし、条約を成立させるほどではなかった。1954年、英国は、主要海運国をロンドンに招請し、油濁防止のための外交会議を開いた。この会議では全世界の船舶の95％が代表されていた。おりしも巨大タンカーによる原油輸送が盛んになっていた時代であった。この会議は船舶による油の排出規制について条約を採択するのに成功した。冷戦のさなかではあったが、社会主義国も参加した。1958年、IMCO（政府間海事協議機関）が設立され、船舶による海洋汚染防止条約の事務局となる。IMCOは1982年に国際海事機関（IMO）と改名した。

　1967年、トーリー・キャニオン号はクウェートから原油を満載し、南イングランド沖の公海を航行中、セブン・ストーンーズの暗礁に乗り上げ、11万8千トンの原油を流出した。イングランドとフランスの海岸に漂う油は多くの被害を与えた。この事件を契機にIMCOは臨時総会を開き、国際法の整備を検討した。1969年11月、IMCOは、海洋油濁損害に関する国際会議を主催、2つの国際条約を成立させた。さらに1969年12月3日、国連総会は全会一致で海洋汚染の管理と防止のため効果的な措置が取られることを要求する決議を採択した。

第二部　組織的対応

4．ストックホルム会議

　1972年6月、ストックホルムで国連環境会議が開催された。113ヵ国の政府代表、諸国際機関、諸民間団体が参加。政府代表はほとんどが環境大臣クラスであったが、インドからはガンジー首相が参加、貧困こそが最大の環境問題であると訴えた。

　ストックホルム会議は26条よりなる人間環境宣言を修正のうえ採択したほか、行動計画、国連の環境組織設立などについて決議した。

　しかし、この会議にはソビエト連邦、ポーランド、ハンガリー、チェコスロバキア、ブルガリア、キューバ、モンゴル、ウクライナ、白ロシアが欠席した。東ドイツの会議参加の権利をめぐり、国連内で紛糾したためである。ソ連側は、欠席戦術によりその存在を印象付けようとした。これらの国は、同年12月の国連総会でのストックホルム会議の決議の確認の票決には棄権で臨んだ。しかし、いったん国連環境計画などの組織が設立されると、ソ連は、積極的に参加した。

5．国連環境計画の設立

　国連は、新たに国連環境計画（UNEP）を総会の補助機関として設けた。小さな事務局（300人程度）と事務局長、58ヵ国より構成される管理理事会、自発的拠出金からなる環境基金を設けた。国連事務総長が、総会の承認を得て事務局長を任命する。事務局予算は国連本部の編成による。UNEPは、このように予算面でも、独自の組織でありえなかった。その予算は米国の一部の環境団体の予算より小さい。その役割は、専ら国連の環境に関する政策調整をすることとされた。独立の強い権限をもつ国連環境機関ではなかったのである。自分より大きな予算をもつ他の国連機関にたいして影響力の行使ができるのかという疑問が投げかけられている。

　UNEPが関わった条約としては次のようなものがある。

　―オゾン層保護に関して、85年ウィーン条約、モントリオール議定書の成立に関わる。

　―地球温暖化に関して、89年ノルドーベルグ宣言、92年気候変動枠組み条

約。
—野生生物保護のための73年ワシントン条約、92年生物多様性条約。
—72年のロンドンの海洋投棄禁止条約。
—有毒廃棄物の越境移動禁止条約（バーゼル条約）。
—有害物質の農薬の貿易に関するロッテルダム条約。1989年。
—難分解性有毒有機物質にかんするストックホルム条約。2001年。
—水銀に関する水俣条約。2013年。
—各地域の海洋汚染防止条約。

1980年後半、トルバ国連環境計画事務局長は交渉に直接関わることにより、上記の条約締結に大きな影響力を行使できた。しかし、77ヵ国グループは1990年頃から、トルバや国連環境計画が先進国の問題により関心を払っていると判断し始めた。すなわちUNEPが気候変動、オゾン層破壊、生物多様性の保護により熱心で、開発途上国の貧困の問題に冷淡と見たのである。

6．環境外交の攻勢化

1988年の国連総会では、環境問題がより大きく取り上げられた年であった。9月27日、ソ連のシュワルナゼ外相は環境に対する脅威を強調、軍事手段による安全保障が過去のものになり、UNEPを環境保障理事会に改組し、生態学的安全保障を確保すべきことと、国連環境会議の開催を提案した。他の演説でも、環境を取り上げるものが相次いだ。さらに、12月7日、ソ連の大統領ゴルバチョフが一般演説に立ち、50万人の軍事要員の削減を柱とする一方的軍縮を発表した。彼は、地球環境問題が安全保障に深く関わっていることに言及した。

88年の後半に米ソの冷戦が終わり、国際政治が地球環境問題に向かったとされる。88年の国連総会が環境総会とも呼ばれたのはこれゆえである。

なお88年6月にはカナダ政府主催の「変わりつつある大気、地球安全保障の意味に関する国際会議」がトロントで開かれ、46ヵ国と国連機関が参加している。また9月末ベルリンでの世界銀行、国際通貨基金の総会を前に8万人が市内をデモ、環境破壊的投資を非難した。総会では開発援助と環境破壊

第二部　組織的対応

をめぐり激しい議論となった。総会は環境への配慮を盛りこんだ決議を採択した。

　89年1月2日付のタイム誌は、地球を年男にした。表紙を地球が飾り、各地の汚染が特集となった。ブッシュ大統領は1月の就任演説で自らを環境保護論者と宣言した。3月5日、サッチャー首相はUNEPと共催でオゾン層保護に関する会議をロンドンに誘致、123ヵ国が参加した。この会議はフロンの生産、消費の全廃の合意形成に貢献した[11]。同年3月10日、フランスはオランダ、ノルウェーと計り、ハーグで温暖化を議題とした首脳会議を開いた。24ヵ国が参加。米中ソの3ヵ国は、大国の対立が持ち込まれるというので招待されなかった。これに対してサッチャー英国首相は不快感を表すためこの会議を欠席した[12]。ハーグ宣言は地球温暖化の国際政治面での扱い、組織的取り組みの提案をした。このように今まで酸性雨、自動車排気ガス規制に消極的な英国、フランスが1988年になって突然政策の転換をした。先進国は地球環境問題をめぐり、指導権争いを演じているのではないかと言われるまでになった[13]。

　89年7月、フランスでのG7（七大工業国）によるアルシェサミットでは、ミッテラン大統領の強い意向で地球環境問題が主題となり、経済宣言の3分の1が環境に関するものであった[14]。こののちのサミットでも毎年環境に関しての宣言が折り込まれることになった。1991年12月には、パリでリオ会議のための国際非政府団体の準備会議がフランス政府の後援で開かれた[15]。

　1989年11月には、オランダはノルドベルグで、大気汚染と気候変動に関する環境大臣会議（68ヵ国）を開いた。オランダでは、国内政治で環境が最大の課題となっており、外交面でも環境問題に関して積極的な指導力を見せた。この会議は温暖化防止のため二酸化炭素等の排出を安定化させるための合意を得るためであった。

　スウェーデンは、1968年の環境会議開催提案、ストックホルムへの会議誘致など、環境問題に対する国際社会での活動が著しい。長距離越境大気汚染条約の締結に、また酸性雨対策の国際会議を主催するなどその動きは注目に値する。ノルウェーは環境大臣であったブルントラントがやがて首相となり、

国連で環境と開発に関する委員会を率いる。カナダの外交的貢献も著しい。フロンガスの規制について、モントリオール議定書をカナダの主催する会議で成立させたし、UNEPの事務局長、国連環境会議事務局長をそれぞれカナダ人が二回も占めている。

7. リオ会議の開催へ

こうした流れの中で1989年12月の国連総会は、第二回目の「国連環境開発会議」をリオで開くことを決議した。1987年のブルントラント環境と開発に関する委員会報告、1988年の環境国連総会、そして、先進国の環境外交の攻勢の流れの中でごく自然にリオでの国連環境開発会議の開催が決まったのである。リオ会議に「開発」が入ったのは、開発途上国の開発への強い要求を入れたためと考えられる。ストックホルム会議以来の「開発と環境」の議論の流れからも理解できる。

1990年には、世界気候会議（第二回）が開かれ、二酸化炭素の削減目標を決めた。同年12月の国連総会は、前年に引き続き、環境に関していくつかの決議を採択した[16]。総会決議により、気候変動に関する国際交渉をUNEPと世界気象機関から国連総会の設ける気候変動枠組み条約のための政府間交渉委員会に移した。この委員会は総会に報告するので総会の多数派たる77ヵ国グループが強い交渉権限を持つことを意味した[17]。とりわけブラジル、インド、メキシコ、インドネシアなどの主要途上国が指導力を発揮した。

1991年1月には、OECD環境相会議があり、6月には、中国が44ヵ国の開発途上国を招き、北京で開発と環境の会議を開いた。同年12月には、OECDが環境と開発に関する閣僚会議を開いた[18]。リオ会議の準備会議が四回、気候変動枠組み条約（五回）、生物多様性条約（六回）の交渉会議がそれぞれリオ会議に向けて開かれた[19]。

このように、先進国グループ、開発途上国グループがそれぞれに会合し、また国連加盟国全部が集うなど入り乱れての交渉が展開された。「環境」は国際政治の主要なテーマとなったのである。

第二部　組織的対応

8．南北問題と環境

　開発途上国の要求は、厳しい生活を送っている多くの貧しい人々の生きるための最低の物的要求を満たすことがまず必要であるとする[20]。そのためには開発が必要というわけである。人間が生存できる状態を作り維持することこそ、貧困に苦しむ発展途上国の強い欲求である。貧困をなくすためには開発こそが随一の方法である。まして、環境保護を理由に援助が減額されたり、貿易に制限が加えられ、開発資金が減らされることは認められない。1985年を取ると、途上国から先進工業国へ、差し引き400億ドルの資金が流れているとブルントラント委員会の報告は指摘する。この支払いは、おもに南の諸国の天然資源を調達して支払われている。自然を売却したことを意味する。このようにブルントラント委員会の報告は、開発途上国の貧困の解決のための開発を正面から取り上げた。人間としての最低の生活水準すら達成できない諸国と食べきれない食料を毎日ゴミとして捨て続けている諸国がある。国際社会には、大きな不平等が存在するのである。地球規模の環境問題の解決のためにはこの不平等性の問題を素通りできない。貧しい諸国にとっては、まず開発の実現が最優先課題とならざるをえない。飽食の諸国は、みずからの生活水準を引き下げることなく、汚染と資源枯渇を解決したい。貧しい諸国と先進国の合意できることは、成長を続けつつ、汚染問題を同時に解決しましょうというものである。「持続可能な開発」はこのような合意を表した標語であり、1990年代の国際環境政策を決定的に方向づけた。「持続可能な開発」はリオの会議の合い言葉であった。

　多数国間環境条約では、途上国の立場に配慮して、資金援助、技術移転の手当てが行われることが多い。環境問題にたいして「共通であるが差異ある責任」を明記し、途上国の条約の加入を促すための工夫と考えられる。オゾン層に関するウィーン条約、国連気候変動枠組み条約、京都議定書、砂漠化防止条約、生物多様性条約、ロッテルダム条約、ストックホルム条約等には、途上国が対策をとるために資金メカニズムを設けている。また、地球環境基金は途上国の環境対策のために作られた。

おわりに

　環境はこのように1970年代より国際政治の主要な課題となった。1980年代末、冷戦の影が消えると環境はいっそうその重みをましてきた。地球環境への負荷が増大、もはや誰の目にもその問題性が明らかになってきたからである。鋭敏な政治家は環境を取り上げることにより、より大衆的支持をうけ、指導力を誇示しうることを知っている。1988年から1998年にかけてのシュワルナゼ・ソ連外相、ゴルバチョフ・ソ連大統領、サッチャー英国首相、ミッテラン仏大統領、ブッシュ米大統領、マルルーニ・カナダ首相、オランダのルッバース首相などがその例である。

　国際社会は、国家の寄り合いとして成立している。国家が話し合いで環境に関する対策をたてていくしか方法がない。国際組織や国際法が環境の問題を解決するため形づくられていく。国際組織は、国家の合意の上作られた事務組合であり、独自の対策を形成できるわけでない。国際法は国際社会の申し合わせ事項である。

　環境の問題により深く関わり心配してきた国内の民間団体は、政府や国際機関に直接働きかけ、効果的な環境政策の採用を呼び掛ける。これら民間団体は、国境を越え団結し、その熱意は政府官僚の型にはまった仕事ぶりを越える。これらの団体はNGOと呼ばれる。実際の問題を政府機関より深く情熱をもって理解している民間団体も多く、また行動もはやい。1993年10月17日、グリーンピースは、日本海に放射性廃棄物を投棄するロシア船にゴムボートを接近させ、映像により投棄の実体を世界に示した。[21]日本政府は報道により初めてその事実を知った。政府や国際機関は、もはやこれら民間団体を無視して環境問題を処理することは出来なくなっている。リオ会議で見られたように、環境に関する国際会議に多くの民間団体がかかわったことは特筆される。111ヵ国から1,400以上の非政府民間団体が参加したのである。[22]

　国連は1972年、ストックホルムでの「人間環境会議」を契機に、1992年のリオの地球サミット、2002年の持続可能な発展に関する首脳会議、2012年のリオプラス20（持続可能な発展に関する国連会議）を開いた。環境問題は国連を通じて交渉されている。

第二部　組織的対応

　「環境」は21世紀の国際政治でいっそうその比重を増し、各国、団体の協力が重要なものとなろう。持続可能な開発（Sustainable Development）の標語のもと、国連環境計画、国連の持続可能な開発委員会を中心としてその解決戦略が模索されるであろう。

注

(1) 長谷敏夫「開発と環境」、加藤一郎編『公害法の国際的展開』岩波書店、1982年、p.72。
(2) レスター・ブラウン編、沢村宏監訳『地球白書 1995〜96』ダイヤモンド社、1995年、p.310。
(3) 当時、ジョージ・ケナンは強力な国際環境組織の設立を提案した（"To Prevent World Wasteland", 48 **Foreign Affairs**, 1970, p.408.）。
(4) 『地球白書』ibid., p.315.
(5) ibid., p.316.
(6) ポーター/ブラウン著、信夫隆司訳『地球環境政治』国際書院、1993年、p.93。
(7) 米本昌平『地球環境問題とは何か』岩波新書、1994年、p.53。
(8) 米本昌平、ibid., p.55.
(9) 米本昌平、ibid., p.51.
(10) 斎藤彰編『地球が叫ぶ』共同通信、1990年、p.64。
(11) 米本昌平、ibid., p.60.
(12) 斎藤彰、ibid., p.19.
(13) 米本昌平、ibid., p.58.
(14) 環境庁地球環境経済研究会『地球環境の政治経済学』ダイヤモンド社、1990年、p.90。
(15) 朝日新聞社『「地球サミット」ハンドブック』1992年、p.31。
(16) 朝日新聞社、ibid., p.152.
(17) ポーター/ブラウン、ibid., p.95.
(18) 朝日新聞社、ibid., p.31.
(19) 朝日新聞社、ibid.
(20) The WORLD COMMISSION ON ENVIRONMENT AND DEVELOPMENT, "Our Common Future", Oxford University Press, 1987, p.43.

(21)「朝日新聞」朝刊、1993年10月18日、19日。原子力潜水艦から出た廃液を投棄したとみられる。

(22) 米本、ibid., p.143.

第12章　国連環境組織

１．環境問題と国際組織

（１）視点：地球環境問題に有効に対応できる国際組織をめざして

　環境問題は全人類、全国家が協力しなければ解決しない性格のものである。しからば国際社会が、環境問題に取り組む時、何らかの組織が必要となる。その組織はいかなるものであればよいのか、また、その理想的形態はいかにあるべきなのか。国際社会の組織化という観点から環境問題を検討したい。本稿では普遍的国際組織として国際社会の諸問題に取り組んできた国際連合（以下国連）の環境に対する取り組みに焦点をあてたい。特に過去４回の国連主催の環境会議を契機とした国連の環境に関する組織化について検討したい。国連専門機関や非政府国際組織（NGO）、その他の政府間組織も環境問題に取り組み大きな役割を果たしてきたが、本稿ではもっぱら国連の環境組織のみの考察を行う。東西対立の中にもかかわらず、1972年にストックホルムで開催された国連人間環境会議（United Nations Conference on Human Environment）にほとんどの国連加盟国が参加した。そこでは初めて環境が国連の場で公式的に取り上げられた。会議の成果として環境問題に対応する国連組織をつくることが合意された。そしてストックホルム会議から20年後、ブラジルのリオで再び国連主催の大会議が開かれた。そこは、現存の環境組織を温存し、その上に持続的開発委員会やその事務局、環境と開発に関する調整委員会の設立を決めた。2002年のヨハネスブルグでの持続可能な発展に関する首脳会議、2012年のリオプラス20（持続可能な発展に関する国連会議）が開かれてきた。本稿ではこのような国連の環境組織の発展を検討したい。

（２）ジョージ・ケナンとウ・タントの見解

　1972年のストックホルム会議に先だち、環境に関する国際組織はどうあるべきかについていろいろの提案があった。ジョージ・ケナン（George Kennan）は、米国の季刊誌、Foreign Affairs1970年４月号で提案を行った。有力な少

第二部　組織的対応

数の先進工業国が支援する強力な国際環境庁の設立を主張した。ケナンの案は、国連の安全保障理事会をモデルとしたようである。もっぱら環境の保全を目的とし、少数の有力工業国の支援のもとに、強い指導力を発揮する機関を構想した。工業国が汚染の主要な発生源でありその責任を取るべきであり、また先進工業国の巨大な軍事費の百分の一を国際環境庁に回せばよいとした。

　ケナンの提案による国際環境庁（International Environmental Agency）はひとつの理想論として理解できる。当時、ストックホルム会議で検討されるべき6つの議題のひとつとして、「組織化」の問題があった。環境問題を扱う国際組織をどうするのかについて合意の形成が計られた時に、ケナンはあえて理想的国際組織の設立を提案し、一石を投じたのである。

　一方、国連事務総長ウ・タント（U Thanto）は、UN Monthly Chronicleの中で既存の国連組織を前提として組織化を進めることが現実的であるとした。ウ・タントは国連が全加盟国の合意のうえに運営されるべきことから、国連総会の合意のもとに環境組織が形成されるのが自然とした。

　当時開発途上国が多数を占める国連で、途上国の立場を無視した国連の運営は不可能であった。途上国にとって「環境問題」は先進工業国のぜいたくであり、途上国にとっては、開発の不足こそが最大の関心事であった。環境の保護を理由として開発援助を減額されたのでは途上国はたまらない。このような状況を踏まえて国連は環境会議を運営し、環境組織の形成を考えざるをえなかった。

2．ストックホルム会議による組織の形成

　ストックホルム会議で合意された新しい国際組織の形成は下記のとおりであった(1)。必要とする行動を取るための制度の確立；既にある機関を利用すること。新しい強力な機関を創設することはない。既存の組織を結び、スイッチボードのように切り替えにより使いわけること。既存組織の機能を調整し、合理化することにより、機能の重複を避けること。行動を提案したり、調整する機関の設立はやむを得ないが、すでにある機関と競合するような業務の執行権限を与えない。国連を国際協力の場所とし、各国の環境状況の差異を

第12章　国連環境組織

認めつつ国連組織を強化する。

　ストックホルム会議は、国連の環境への取り組みを進めるため、「国連環境計画」(United Nations Environmental Program)の設立を決議した。1972年12月、この決議を受けて、国連総会は国連環境計画の設置を決定した。

　国連環境計画は、国連開発計画（UNDP）と同じ位置づけが与えられた。すなわち国連総会の補助機関として設立されたのである。事務局予算のみが、国連本部予算に計上され他の予算はすべて自発的拠出金で運営される。

　国連環境計画は事務局、基金、管理理事会、環境調整委員会から構成される。

（1）UNEP管理理事会（Governing Council）

　管理理事会は国連環境計画の議決機関として設置され、理事国は国連総会で3年ごとに選挙で選出される。任期は3年である。管理理事会の構成国は58ヵ国である。国連環境管理計画の事業、予算、環境基金の運営についての意志決定を行う。年1回会合する。

（2）事務局

　事務局はケニアのナイロビに置かれた。300人前後の専門職員が雇用されている。事務局長は国連事務総長が、総会の同意を得て任命する。国連事務局次長級の地位にある。初代の事務局長には、ストックホルム会議の事務局長を努めたモーリス・ストロング（Mauris Strong）が任命された。

　ナイロビが選ばれたのは、アフリカ諸国の強い要求があったからである。ニューヨークかジュネーブなら国連の他の組織とよく連絡が取れ、調整機能をよりよく発揮できることは当然であったが、開発途上国の立場に立ち環境により関心を寄せてもらうため、敢えてナイロビに事務局を置いたのである。[2]

　きわめて小さい事務局は、国連環境計画が調整官庁として設立されたことに由来する。国連環境計画国連組織の中にあって、環境問題に関して、各組織間での調整を行い、また触媒作用を及ぼすこととされた。当時すでに国連の専門機関が環境に関しての取り組みをしており、これを奪い他の組織に集中することは論外であった。

第二部　組織的対応

　国連環境組織の予算は、英国の工科大学の1つやアメリカの環境保護団体の規模をも下回る。開発途上国は、環境組織の設立が今までの開発援助や予算を減らすものではあってはならないと主張し、予算面でも厳しい制約があった。日本の環境庁がやはり調整機能中心の行政機関として位置づけられたのと同様であった。

　それでも歴代の事務局長は環境問題解決のため、国連加盟主要国、他の国際機関を動かし多くの環境国際条約を成立せしめた。とくにオゾン層保護に関するウィーン条約、モントリオール議定書、生物多様性条約の成立には事務局長の活動なしには考えられないとされる。

（3）基金

　国連環境計画に基金が設けられたのは、具体的事業をするための資金を確保するためである。しかし、この基金は、すべて自発的拠出金によっている。基金の運用は、管理理事会の意思に従って行われる。最初、基金は2,000万ドルの拠出があり、順調に出発したのであるが、1980年代になると、国連の予算削減のあおりを受けて、予算は減少した。また常連の拠出国の英国なども拠出金を絞った。[3]先進工業国の不況と発達途上の諸国の国際債務危機のため、基金は増えなかった。

　しかし、オゾン層の破壊、温暖化、生物多様性の危機、有害廃棄物の問題が深刻になってきたおり、国連環境計画の活動を活性化させる動きが出てきた。[4]予算を1億ドルにするという呼び掛けがなされ、1996～1997年の予算として、9,000万ドルを決定した。[5]2012年の予算は、基金、信託基金、寄付、国連経常費あわせて、2億2,700万ドルであった。

（4）環境調整委員会（Environmental Coordination Committee）

　国連調整委員会（ACC）の中に、環境調整委員会が設置された。この委員会の議長は、国連環境計画の事務局長であり、定期的に会合し、管理理事会に結果を報告することとされていた。環境調整委員会は国連専門機関や他の国連組織の諸事業を評価し、諸機関の協力を促進することとされた。しかし、

この調整委員会はすぐ廃止され、国連調整委員会がその役割を引き継いだ。[6]国連調整委員会は、隔年に、各国連専門機関の長と関係組織(国連環境計画を含む)を集め、事務総長の議長のもとに討議をする。国連調整委員会は1992年、持続的発展に関する組織間委員会の設立を決めた(Inter-agency committee on Sustainable Development)。

(5) 国連環境計画への不信の高まり

1990年になると、開発途上国は、国連環境計画や事務局長トルバ(Tolba)に不信を募らせた。国連環境計画の方向性(温暖化、オゾン層、有害廃棄物、生物多様性)が先進工業国よりであると批判した。[7]開発途上国の問題たる飲料水の確保、都市問題、砂漠化などに考慮がないとしたのである。

開発途上国は、1989年、総会決議においてストックホルム会議20周年記念の国際会議を、「国連環境開発会議」と名づけさせ、地球温暖化防止条約の交渉事務局を国連環境計画から、国連総会直轄の政府間委員会(INC)に移した。[8]

(6) 環境諸条約の事務局として

UNEPは数々の環境条約により条約の事務局に指名され、その機能を果たしている。ワシントン条約、ボン条約、生物多様性条約、ウィーン条約、モントリオール議定書、バーゼル条約、ロッテルダム条約、ストックホルム条約の事務局を務めている。

3. ストックホルム会議から20年

(1) ブルントラント委員会

1982年にストックホルム会議10周年記念の管理理事会で国連環境計画の見直し、強化案が検討された。ひとつの方法は、独立の委員会(環境と開発に関する委員会「Commission on Environment and Development」)を設けてその検討を依頼するものであった。管理理事会の提案をうけた国連総会決議(38/161)により、1983年の12月に国連事務総長は、ブルントラント(Brundtland)を委員長に任命、カハリド(khalid)を副委員長に任命した。[9]

第二部　組織的対応

　こうしてノルウェーの労働党党首であったブルントラントを委員長とする「環境と開発に関する委員会」は、1987年に報告書「われら共通の未来」(Our Common Future)を国連環境計画の管理理事会に討論に供した後、国連総会に提出した。

　この報告書の中心概念は、「持続可能な発展」(Sustainable Development)であり、その後の国連での環境問題の議論を方向づけた。[10]

　1962年に出版されたカーソン(Carson)著「沈黙の春」(Silent Spring)が農薬規制を促したように、このブルントラント委員会の「われら共通の未来」は「持続可能な発展」を定着させた。ブルントラントはノルウェーの環境大臣を経て、総理大臣になった人物である。1998年には世界保健機構(WHO)の事務総長に選ばれてもいる。

4．環境組織の再編

　リオの地球サミットに先立ち、国連の環境組織をいかに改革するのかについていろいろの議論があった。国連環境計画を国連専門機関にする。環境と開発にかんする政府間委員会を設立する。UNDPの役割をたかめる。環境と開発に関する専門委員会を設ける。安全保障理事会を改組し環境に関する権限をもたせるなどが選択肢として考慮された。[11]国連環境計画を国連専門機関にすることに対しては支持はなかった。先進諸国は、新しい国連専門機関設立による費用の増大とそのような変化の政治的影響を否定的に解したのである。また国連組織のいっそうの官僚化にたいして危惧をいだいていた。国連環境計画の事務局をナイロビからジュネーブに移すのさえ、アフリカ諸国が強く反対した。国連環境計画の強化案が出されたが、財政的裏付けがなく、また、新しい権限を与えられることもなかった。

　国連環境開発会議は、1992年6月、リオデジャネイロで開催された。176の国と地域、ヨーロッパ経済協同体(EEC)、パレスチナ、国連専門機関、その他35の政府間国際組織、NGOなどの参加があった。[12]110ヵ国の政府首脳が出席する空前の環境外交会議であった。主要工業国で首脳の参加しない国は日本ぐらいであった。地球温暖化防止条約、生物多様性条約の署名、リオ宣言、

第12章　国連環境組織

森林の原則声明、アジェンダ21の採択など多くの合意がなされた。
　それらの合意の中に環境組織の改革があった。
　持続可能な発展委員会（Commission on Sustainable Development）、政策調整および持続可能な開発課（Departement on Policy Coordination and Sustainable Development）、環境と発展にかんする組織間調整委員会、高等諮問委員会（High-level Advisory Board）の設立で合意をみた。また地球環境基金（Global Environmental Facility）の改革と再編についても合意をみた。

（1）持続可能な発展委員会（Commission on Sustainable Development）
　1992年12月の国連総会は、リオサミットの合意に基づき「持続可能な発展委員会」(13)（以下CSD）の設立を決めた。この委員会の位置づけは、経済社会理事会の機能委員会としてである。同種の組織としては「人権委員会」が既に活動していてよく知られている。経済社会理事会での選挙により53ヵ国が選ばれた。その任務はアジェンダ21の実施を監視し、国連の環境と開発関係機関の調整を高いレベルで行うこと、各加盟国政府より提出されるアジェンダ21の国内実施報告書を審査する、先進国の開発援助をGNPの0.7％とする国連の目的の達成を監視する、アジェンダ29の規定する資金計画、機構の定期的検討、NGOとの対話の促進などを主な任務とする。(14)
　93年6月14日〜25日に第1回会合が、ニューヨークで開かれた。(15)第10回の会合で、リオプラス20の準備をCSDがすることになり、4回の準備会議を開き、リオでの国連会議のお膳立てをした。(16)2011年、CSD第19回の会合は、5月2日から13日に開かれ、輸送、廃棄物管理、化学物質、鉱山開発、持続可能な消費と生産に関する政策課題を議論した。
　CSDの評価については二説ある。リオ会議の結果として生まれたもっとも重要な組織であるとの指摘がある。(17)反対説は地球サミットの残した不適切なお土産として評価する。(18)すなわちCSDは規制権限を欠き、独自予算もなく、国連の関係組織に問題を提起することしかできないとする。(19)結局、国連システムの環境問題解決能力の限界を示すものであると。(20)1997年6月のリオ会議5周年の国連環境開発特別総会後、毎日新聞の社説（97年6月29日）も第

第二部　組織的対応

二説を取り、CSDは死に体と評価した。
　CSDはUNEPの環境問題の議題提出の機能を奪うものであると言う指摘がある。[21]

(2) 持続可能な発展に関する組織間委員会
　　　(Inter-Agency Committee on Sustainable Development)
　国連環境計画の環境調整委員会 (ECB) が設置されたもののすぐに廃止された後、国連行政委員会が調整にあたって来た。地球サミットは、あらたに環境調整委員会を作ることに合意し、事務総長に設置を要請した。その結果、1992年に行政調整委員会 (ACC) は持続可能な発展に関する組織間委員会を設置した。この委員会は国連食糧機関 (FAO)、UNESCO、WHO、WMO、世界銀行、UNEP、UNDPと事務総長の指名するもう2つの国際組織から構成される。[22]
　1993年3月23日から25日まで第一回会合を開き、同年9月に第二回会合をニューヨークで開いた。[23] 94年3月2日～4日に第3回をニューヨークで、同年6月14日～16日に第4回をジュネーブで開催した。[24] 95年2月には第5回 (ニューヨーク)、7月に第6回 (ジュネーブ) を開いた。[25] このように年二回、3日の日程で持続可能な発展に関する組織間委員会が開かれている。毎年4月に開かれるCSDを挟んでの開催である。

(3) 高等諮問委員会 (High-level Advisory Board)
　高等諮問委員会はアジェンダ21の実施に関して国連事務総長に直接助言するために設置された。世界の各地方を広く代表する各分野の著名人を事務総長が任命した。1993年9月13日と14日ニューヨークで初会合を開いた。[26] 経済的、社会的、政治的発展の繋がり、財政と技術にかんする新手法、国連と持続的開発に熱心な他の組織とのパートナーシップが議題とされた。94年3月17日～22日に第二回、95年5月30日から6月1日に第四回と毎年一回づつ集まっている。[27] これらはいずれもニューヨークで開催されている。
　国連総会は、地球サミットの合意に基づき、上記のように新しい組織を作

ったのであるが、その経費は180万ドルと見積もられている[29]。これは国連通常予算として計上される。リオ会議後に作られた新しい環境組織は極めて安い費用で作られたと言えよう。

(4) 地球環境基金 (Global Environment Facility、GEF)

地球環境基金は、1989年世界銀行の理事会でのフランスの提案により、世界銀行内に1991年から設置された。モントリオール議定書に基づくオゾン層保護のための基金と、地球環境保護のための特別基金の2つが用意された[30]。一方、オゾン層保護のための基金は、モントリオール議定書の締約国が途上国のフロン対策に必要な費用を賄うために設置をした基金であった。モントリオール議定書の執行委員会は、世界銀行と協定を結び、基金の運用を世界銀行に委ねたのである。この方式はリオ会議で締結される気候変動条約や、生物多様性条約の資金の管理のモデルとなった。地球環境保護のための特別基金は国連との協力体制をとって運営するものとされ、UNEPとUNDPが加わる。これは、地球的規模の環境問題対策のための資金を供給するものとされた。気候変動、生物多様性、オゾン層保全、国際的水域の保護に目的を限定し、3年間を実験期間とした。

30ヵ国がこの基金に出資した。OECD加盟国19ヵ国と11の途上国が合計8億ドルを拠出した。世界銀行がこの拠出金を受託した。1991年7月から1994年7月まで115の事業計画が承認され、7億3,000万ドルが使用された[31]。

リオサミットの準備会議でこの基金の改革が交渉された。GEFの意思決定方式、組織の恒久化と援助対象の拡大が交渉の中心であった。1994年3月ジュネーブでの交渉で、地球環境基金の再編と3年間で20億ドルの資金を集めることに合意した。理事会は32ヵ国からなり、18は受益国、14は工業国から選出する。一国一票の投票によるに意思決定システムを主張したG-77の主張が認められたのである。1991年に作られたGEFでは世界銀行が窓口であり、意思決定は出資国に握られていた。すなわち、世界銀行の決定方式によっていたのである[32]。また、世界銀行から独立した事務局の設立が決まった。

世界銀行、UNEP、UNDPはそれぞれこの合意を承認することを求めら

第二部　組織的対応

れた。

　地球環境基金は、総会、理事会、事務局から構成される。総会はすべての構成国の代表からなり、3年に1回召集され、基金の政策を検討する。理事会は、実施計画や基金管理計画を立て、基金の使用についての決定を下す。世界銀行、UNEP、UNDPは実施機関として理事会に責任を負う体制が形成された。

　事務局長は事務局を指揮する。事務局長人事は、世界銀行、UNEP、UNDPの推薦を受けて理事会がこれを任命する。

　地球環境基金（GEF）はモントリオール議定書、地球温暖化防止条約、生物多様性条約の規定による資金援助を途上国に提供する機関として再出発したのである。リオで署名された温暖化防止と生物多様性条約がGEFの活用を規定したことは、GEFの存在価値を高めたと評価できる。[33]さらに砂漠化対策に関する資金、及び残留性有機汚染物質関連情報に対しても供給するようになった。

5．国連環境組織の特質
（1）分権的な構造

　国際連合の環境に関する組織およびその変遷をストックホルム会議からリオ会議を経て1998年に至るまで歴史的に見てきた。国際連合の組織が、設立当時予想もしなかった環境問題に直面しそれに対応するために変革を繰り返してきたのはあたかも1つの流れのようである。すべての加盟国が集まる国連総会の場での合意をもとにかずかずの組織的対応がなされたのである。

　国連の経済社会理事会、国連総会でまず大きな国際会議を開くことが決議され、その国際会議の準備課程で問題解決のための対策が具体的に検討され、大枠の中での合意形成が計られる。国際会議は2週間の短い会期であり、形式的、外交儀礼的な側面が強い。会議に至るまでの準備課程の総括という意味あいが濃いようである。会議での合意に基づいて新しい組織が作られ動き出すというわけである。

第12章　国連環境組織

図1　国連を中心とする環境組織

```
                    ┌─────総　会─────┐
         ┌──────────┤              │
   経済社会理事会      UNEP（総会の補助機関）
         │                  ├──── GEF
       CSD（機能委員会）      └──── IPCC

   Inter-Agency Committee on Sustainable Development

                              多数国間環境条約

   IMO（国連専門機関）
                              深海海底機関
   WHO
   FAO
   UNESCO
   WMO
   IBRD

   IAEA
   WTO
```

　ストックホルム会議後、国際連合総会の諸決議により、1973年には環境管理計画が設置された。リオ会議後の1993年には既存の国連組織を廃止したり、変革することなく、さらに持続可能な発展に関する委員会（CSD）等を作ったのである。

　1972年のストックホルム会議の頃には、ほとんどの国連専門組織はみずからの権限内で環境問題に対する取り組みを進めており、国際連合としてはこれらの取り組みを温存した上で、新たに国連環境計画（UNEP）を設置したのである。1992年のリオ・サミットでも既存の組織をそのままにして、新しい組織、CSDを重ねた。したがって国際連合の環境に関する組織は、一層複雑化したのである。

第二部　組織的対応

　環境の保護を目的とする強力な国際組織（ケナンの提案）、または環境に関する国連専門機関の新たなる設立ではなく、既存の国連専門機関の分野ごとの取り組みを前提に、小さな組織を付け足した上で、これら諸組織間の機能を調整するという方法が取られて来たのである。
　こういった漸増主義（incrementalism）に対して、国連体制の根本的欠陥であるとの批判が当然出てくる。[34]

（2）調整的機能について
　国連環境計画や行政調整委員会（ACC）の中に設置された環境調整委員会（ECB）、環境計画事務局長の役割は、もっぱら、他の組織の機能を生かし、結びつけるいわゆる調整的機能のみを与えられた。少数の事務局、少ない予算で運営されてきたのである。日本の環境庁がやはり調整機能中心の組織であり、少ない予算と小さい事務局であるのと同様である。
　リオ会議後に設置された、持続可能な発展に関する委員会（CSD）は、自らの予算、事務局を持たない。経済社会委員会の機能委員会として設立され、53ヵ国の政府代表が年に一回、2～3週間会合する。
　事務局機能は、国連本部事務局の経済社会局持続可能な発展課（Division for Sustainable Development）により処理されている。国連環境計画の一部であった環境調整委員会は、廃止されていた。リオの地球サミットでは、あらたに組織間調整委員会を行政調整委員会の中に設け、高いレベルでの調整を行うものとされた。
　このように国連の環境組織は調整を重要な機能としているのである。このことは、国連の諸組織、国連専門機関など多くの組織が環境問題に関わっているため、その総合調整をすることが組織構造上要請されるからである。
　問題は、調整機能をどこまで果たせるのかという実際の能力の問題になる。既存の組織は、歴史も古く、大きな予算と事務局を抱えている。そういった巨大な組織を相手に新しく予算の小さい、人員の少ない組織が交渉においてどれほどの指導力を発揮できるのかという問題がある。

第12章　国連環境組織

おわりに

　国連の事務局の簡素化と予算削減は国連の大きな課題である。とりわけアメリカの国連改革に対する要求は強く、歳出の権限を握る議会の強力な圧力を国連は感じてきた。事務総長の人選に拒否権を持つアメリカは、行財政改革の遅滞を理由に、ガリ（Ghali）事務局長（当時）の再選を阻み、アナン（Anan）を事務総長に推した（事務総長の選出には五大国全部の賛成を含む安全保障理事会の決議と総会の決議が必要とされる）。1996年12月17日、こうして国連総会は全会一致でアナンを選出した。2007年１月よりバン・キ・ムーン（潘基文）氏が事務総長である。

　ストックホルム会議での合意により、国連環境計画が作られ活動を続けてきた。既に国連専門機関がそれぞれの権限内で環境問題に取り組んでおり、新たに環境に関する国連専門機関を作るものではなかった。[35]

　環境は地球的規模でますます悪化し、ストックホルム会議20周年を記念する国連会議をリオデジャネイロで開催、環境に関する国連組織の改革が議論された。その結果は、経済社会理事会の機能委員会として新たに「持続可能な開発に関する委員会」（CSD）を設置するとともに、行政調整委員会（ACC）の中に、「持続可能な開発に関する組織間調整委員会」を作り、さらに事務総長に助言する「高等諮問委員会」を設置した。これらの委員会の事務を扱う組織として政策調整および持続可能な開発局を本部事務局内に創設した。これらの新しい組織は、毎年定期的に、おもにニューヨークで会合している。リオ会議系の持続可能な発展にかかわる組織と呼ぶにふさわしい。

　ストックホルム会議系の国連環境計画はそのままで活動を継続しており、リオの地球サミット系の新たな組織と併存する形になっている。地球環境基金（GEF）はリオ会議を経て改革され、世界銀行の直接支配体制を薄めた体制のもとで再出発した。

　本稿で紹介した環境に関する国連の諸組織に加え、諸国連専門機関、環境条約の事務局等の活動を全体として見れば、先進工業国の環境行政組織と著しい対照をなすことは明白である。どの工業国も環境行政を総合化し、組織的一元化を計っているからである。国際環境組織の有り様は国際社会の分権

第二部　組織的対応

的構造の反映にすぎないのであろうか。

　1968年のストックホルム会議開催決議以来、国連総会を中心とする加盟国の合意により国連環境組織が発展してきた。今後の国際社会の環境に対する取り組みおよび組織化は、国連加盟国が本件についてどれほど政治的な合意を達成できるかにかかっている。

注

(1) Patricia Birnie, "the UN and the Environment", p.372, Adam Robers and Benedict Kingsbury (ed), **United Nations, Divided World** Clarendon Press, Oxford, second edition, 1993.
(2) ibid., p.343.
(3) ibid.
(4) ibid., p.346.
(5) Yearbook of the United Nations, 1992, p.1067.
(6) Birnie, ibid., p.346.
(7) Gareth Porter and Janet Brown, "Global Environmetal Politics", Westview Press, 1991, p.43.
(8) ibid.
(9) World Commission on Environment and Development, "Our Common Future", Oxford University Press, 1991, p.352.
(10) 持続可能な発展（Sustainable Development）は、ブルントラント委員会の報告書「われら共通の未来」によれば、将来の世代の必要をそこなう事なく、現代の世代の要求を満たすことと定義される。
(11) Birnie, ibid., p.373.
(12) Yearbook of the United Nations 1992, p.670.
(13) Resolution47/191 (Yearbook of the United Nations 1992, p.676)
(14) Yearbook of the United Nations 1995, p.676-677.
(15) Philippe Orliange, "La Commission du Developpement Durable", p.824, Annuaire Francais de Droit International 1993.
(16) Yearbook of the United Nations 1994, p.94.and 1995, p.837.
(17) Flavin, "Legacy of Rio", p.4, World Watch, **State of the World**, 1997.

(18) Oran R.Young, "Global Governance: toward theory of decentralized world", The MIT Press, 1997, p.274.
(19) Porter and Brown, Ibid., p.43.
(20) Young, ibid.
(21) Porter and Brown, Ibid., p.44.
(22) Yearbook of the United Nations 1992, p.681.
(23) Yearbook of the United Nations 1993, p.669.
(24) Yearbook of the United Nations 1994, p.769.
(25) Yearbook of the United Nations 1995, p.839.
(26) Yearbook of the United Nations 1993, p.669.
(27) Yearbook of the United Nations 1994, p.769. and 1995, p.840.
(28) Yearbook of the United Nations 1992, p.679.
(29) ibid., p.680.
(30) Laurence Biosson de Chazournes, "Le Fonds pour l'environnement Mondial: Recherche et Conquetê de son Identité", p.615, Annuaire Francais de Driot International 1995.
(31) ibid., p.617.
(32) Porter and Brown, ibid., p.143.
(33) Biosson de Chazournes, ibid., p.622.
(34) Birnie, ibid., p.380.
(35) 横田洋三「地球環境と国際組織」、『環境研究』100号、1996年、p.11～12。

第13章　NGO

　環境保護運動は今や世界的現象である。1960年代、1970年代を通じて環境保護運動が先進工業国、とりわけ北アメリカ、西ヨーロッパに広がった。運動はまた東ヨーロッパ、日本、オーストラリア、開発途上国にも生まれていた。環境問題に市民の認識は高まり、いくつかの行動となって表現され、政府への圧力となっていった。また、多くの団体は国境を越えて連帯し、また国際的に組織化を進めるものも出て来た。これらの団体は環境悪化を憂う民間の有志の自主的な集まりであり、本論ではNGOと定義したい。

　このNGOの環境保護運動を国際的視野から考察することが本論の目的である。NGOは環境問題に対していかなる手段をもって解決のためにどれだけの貢献をしてきたのだろうか。最初に世界的規模で活動しているグリーンピース、WWF（世界自然保護基金）、地球の友を例に取りその活動の内容を紹介したい。第二に、環境に関する国際的会議にNGOがいかに関わるのかを検討する。第三に国際環境政治におけるNGOの評価を試みたい。

1．国際的環境NGOの活動について
（1）グリーンピース

　グリーンピースは、わかりやすい主張をすること、向こうみずに見える行動により環境の問題を世論に効果的に売り込む団体としてのイメージを形成した。すなわち、こみいった問題は避け、他の勢力がすでに取り組んでいる問題に介入し、それを大きな運動にする点に特色があると指摘されている。[1]

　グリーンピースはアメリカのアムチカ島（アリューシャン列島）の核実験反対運動にその起源を求めることができる。ヴァンクーバーでは、核実験により津波が来るというので反対者が集まり、抗議の方法を検討した結果、核実験海域に抗議の船を送ることとした。こうしてフィリス・コマック号はアメリカの核実験海域に向ったが、悪天候のためアムチカ島に到着できなかった。しかし、ヴァンクーバーにこの船が帰港すると、数千人の人から歓迎を

第二部　組織的対応

　受けた。それは人々の強い反核感情を世界に示すものと解釈された。さらに、第三回目の同島での実験に対し、第二の抗議船エッジウォータ・フォーチューン号を送ることにしたところ、寄付金や乗船希望者が殺到し、報道陣も乗せての出港となった。しかしこの抗議の船が島より700海里のところで核爆発が行われた。この実験の2、3日後、アメリカは以後の実験を中止すると発表した。1972年のことである。核実験は環境問題のほんの氷山の一角にすぎず、この抗議団体は引き続き運動を継続すべく、グリーンピース基金という組織を作ることにした。こうしてヴァンクーバーに最初の事務所が設けられた。[2] それ以降グリーンピースは、フランスの南太平洋での核実験反対、反捕鯨、有害物質排出との戦いに取り組んだ。10年ほどヴァンクーバーを中心に活動したのち、本部をアムステルダムに置き国際本部とした。クジラと捕鯨船の間にグリーンピースと書かれた高速ゴムボートを進入させたり、発電所の煙突に登り、「止めろ」の垂れ幕をかけたりの手段で巧みにマスコミを引き付け環境問題を世界に訴えた。グリーンピースはこのような直接行動と非暴力の戦術を取ったのである。

　1994年には、ロシア、東ヨーロッパ、開発途上国を含む30ヵ国以上に事務所を置き、千人以上の職員を雇い、1億ドルの年間収入、600万の会員を有するに至った。[3] グリーンピースは4つの問題、すなわち毒性物質、エネルギーと大気、原子力問題、海洋と陸の生態系の領域で運動をしている。

　1985年、フランスの諜報組織は、ニュージーランドの港に停泊中の、フランスの核実験に反対するためのグリーンピース所有の船を爆破した。船内にいた写真家が死亡した。これは、グリーンピースの活動に対する、国家テロ行為であり、ニュージーランドとフランスの外交問題に発展した。フランスのエルニュー国防大臣がこの責任を取り辞任、フランスが損害賠償すること、工作員の処罰など事後処理がなされた。

　1993年10月、グリーンピースは、日本海で放射性廃棄物を海上投棄するロシア海軍の船を映像で捕らえ、マスコミに流した。グリーンピースのゴムボートがロシアの船に接近、放射性廃棄物の投棄の様子を撮影しテレビの画面に映し出したのである。日本政府はあわててロシアに投棄の中止を求めた。

ロシアも善処を約束した。

　プルトニウムのフランスから日本への海上輸送船を追尾し、世界にその位置を知らせ続けたのもグリーンピースであった。ほとんどの国が自国領海の近くを日本のプルトニウム輸送船が通過することさえ拒否する中、グリーンピースは現場での目撃を通じて全世界にその危険性を映像で伝えたのである。

　1995年、フランス（シラク政権）が全面核実験禁止条約の署名前に南太平洋で核実験を再開した時、グリーンピースは抗議の船を実験海域に派遣した。フランス海軍の艦艇によりグリーンピースの船は乗員もろとも拿捕されたものの、全世界に核実験の現場を見せ、核問題を強く印象づけたのである。

　このようにグリーンピースは生態的危機に対する認識をメディアを通じて世界に広め、多数の人々に地球にやさしい生活をするように直接呼びかけるのである。特定の国家が大使を通じて核実験に抗議するより、はるかに大きな反対の意志をフランスや世界に伝えたのではなかろうか。このころ世界的に広がったフランス産ワインやチーズの不買運動もグリーンピースが呼び掛けたものではないが、こうしたメディアを通じての強い反核運動の呼び掛けに対する反応であろう。

（2）WWF（世界自然保護基金）

　WWFは、マックス・ニコルソンやユネスコの事務総長を努めていたジュリアン・ハクスレイ卿、実業家、王室関係者を発起人として、1961年スイスのグラントに誕生した。王室関係者を入れたのは、資金集めを容易にするためであった。ニコルソンは長年英国政府の自然保護局長を努めた人物である。1960年にハクスレイ卿が「オブザーバー」誌に野生動物の絶滅の危機を訴えたことからWWFは始まると指摘されている。このころアフリカの植民地が独立し、東アフリカの動物のことが心配になったからと説明されている。

　WWFの目的は資金を得ることがまず第一であった。WWFはアフリカの指導者になりそうな人物を集め、野生動物の保護を主張した。また、アフリカ諸国の支持を得るため、自然保護の経済的利益を強調したり、国立公園での観光開発は自然保護を支えると主張したと言う。またWWFは生物の多様

第二部　組織的対応

性保護が商業的利益にも繋がるとも主張した。(5)

　WWFは、27ヵ国に支部を置き、600万人の会員と2億ドルの年間収入を得ている。(6) WWFは個々の種の保存を目指したが成功しなかったことから、その絶滅の危機に瀕している動物の生活空間をも守ることが必要と判断するようになった。すなわち野生生物の保護区を設けることを選んだのである。そのためWWFが各政府に働きかけて公園を設ける方法が取られ、手法や専門家などを供給するため各政府に資金援助を行うようになった。それでも絶滅種を救えないことが明らかになった。保護地区内に生活する貧しい人々は生きるためにそこで必要なものを採取せざるを得ないのである。つまり住民の生活の必要性をも考慮しなければ野生生物の保護は不可能であることをWWFは認識するに至った。開発途上国全体では一兆ドルの対外債務を負っている。この負債のため開発途上国は環境を犠牲にしてまで返済に努めなければならなくなっている。ましてや、負債を抱えた開発途上国政府が野生生物の保護のための予算など組むことは不可能である。そこで、WWFは、自然保護のために負債を肩代わりする方式を取り入れた。まず、WWFが、地域で環境保護活動をしている団体を見つけ、その団体が資金を得れば保護活動をより活性化できるかどうかを確認する。次に、WWFが開発途上国の負債を買い上げるのである。債券を持つ銀行は、途上国の返済能力を疑問視し、不良債券として早く処理したいため、割引でそれらの債券を売却する。WWFはこれらの債務を安く買い入れ、第三の段階として、その負債を当該国の通貨に交換する。そして、WWFはその資金を当該国の自然保護のために使用するというわけである。WWFは途上国の環境保護団体に資金を供給し、途上国の自然保護運動を助けることが可能になると説明されるのである。(7) WWFは、エクアドル、コスタリカ、フィリピン、マダガスカル、ザンビア、ボリビア、ポーランドでこのような負債と環境保護の交換をしている。

　WWFは開発途上国の村に活動の場を設定し、地元対策を立てている。地域主義の路線といえる。

（3）地球の友

　地球の友は、1969年、シェラ・クラブ事務局長を辞任したディヴィド・ブラウアーによりアメリカに創設された。ブラウアーはおもに原子力問題を巡りシェラ・クラブの多数派と対立したため17年努めたこのクラブを辞任した。ブラウアーはシェラ・クラブと対照的な、出版物発行を中心とする、官僚主義に陥ることのない、個人の行動を認める多元的主義的、分権的、国際的、反権力的、反原子力の立場を取るNGOを設立した。やがてブラウアーはこの組織を離れたが、地球の友は成長し50を越える国に支部や事務所を有するに至った。とくに、東ヨーロッパや開発途上国に多くの支部を持つ点が特色である。各支部ごとに雑誌を発行し、活動についても地域の問題に応じて支部が独自に判断する。国際部はロンドンに置かれ年2回会誌を通じて、世界的活動を報告する。組織は分権的であり、連邦制のように大きな権限を各支部に与えている。世界各地の支部は、名前と方向性のみを共有していると言ってよい。各支部の判断により、地球の友しかできない活動を行う。フランス支部はロワール川のダム建設反対運動を、ポルトガル支部は、日本製自動車のポルトガル海岸線での投棄計画に反対し、デンマークではコペンハーゲンでの新交通システム導入を促進した。また、地球の友は他の環境NGOと協力して運動する点に特色を有する。地球の友はナイロビに環境連絡センターを、アメリカでは他のNGOとグールプ・オブ・テンを組織し、NGOどうしの連絡組織を設けた。

　地球の友は、国家の行動により環境問題が効果的に解決されると考えている。したがって国家に働きかけることが多い。いわゆる、ロビー活動である。しかし、ロビー活動も限界があるので、他の方法により政府に圧力をかける。

2．国際的環境会議とNGO

　1972年にストックホルムで国連主催の人間環境会議が開かれた時、NGOがもう1つの環境会議を開催した。これは本会議に圧力をかけるためにNGOが主催したものである。そしてこの会議以降、NGOの国際会議への参加が定式化された。ストックホルムに来たNGOは134であった。20年後のリオ

第二部　組織的対応

会議では、1,400以上のNGOが92グローバル・フォーラムに参加した。環境NGOの変遷をうかがわせる。しかも、リオ会議の場合は、準備段階からNGOが関与し、条約の交渉段階から会議の終わりまでロビー活動を行った。

　ワシントン条約（絶滅の危機に瀕する動植物の取引に関する条約）締約国会議では、一般の本会議傍聴、関係NGOの発言が認められていて、WWF、グリーンピース等のNGOが会議を指導する場面がよく見られる。絶滅の危機に瀕する動植物の取引に関する条約の事務局は、WWFの取引監視委員会ネットワークから、条約に違反する取引の情報をほとんど全部供給してもらっている。[13]

　環境NGOが国際的協力の必要性を痛感し、連絡組織を設け始めたのは1989年以降のことである。1987年のオゾン層保護のためのモントリオール国際会議を傍聴していたアメリカのNGOが始めたとされる。[14] 1989年3月、ロンドンで開かれたオゾン層保護のための会議には93名（27ヵ国）のNGO代表が参加した。[15] NGOが相互に連絡を取り合って参加することは、これ以降定例化したのである。1991年1月にはじまった地球温暖化防止条約の交渉では、約40の環境NGOは気候行動ネットワークを結成し、二酸化炭素削減目標値を条約の本条に挿入するように働きかけた。産業界の団体からなるNGOは逆の運動を展開した。

　1988年、ベルリンで世界銀行総会が開かれたが、何万人もの人々が街頭でデモをした。新聞は、世銀の融資が第三世界に役立っていないと書き、世界銀行の職員やベルリンに集まった銀行員の考えを変えたと言う。[16] 1989年3月、世界銀行はアマゾンの水源開発のための融資を取り消した。また、世界銀行は環境部門の人員を増員することにした。1989年の世界銀行の総会（ワシントン）では50ヵ国よりNGOが集まり、国際NGO集会を開き、インドへのダム融資を中止すべきことを決議した。また、NGOは同年10月にはアメリカ議会に働きかけて、世界銀行の融資についての公聴会を開かせた。アメリカが最大の出資者である世界銀行はアメリカの意向を常に反映した運営をしなければならない点をNGOが利用し、アメリカ政府を通じて世界銀行に影響を及ぼそうとする試みであった。

1975年、沖縄の石垣島に新空港を建設することを県が決定、1982年には運輸省が県に建設許可を与えた。予定地は、サンゴの豊富な海面であり、近くには世界最大級の青サンゴが生存することが分かっていた。地元、那覇、関西、東京で反対運動が盛り上がった。反対派は政府に署名を提出、また1988年には、コスタリカで開かれていたIUCN（世界自然保護連合）の総会にこの問題を持ち込み、総会の反対決議を得た。1990年IUCNは調査団を送り込み、予定地の生態学的調査を行った。さらに、WWFの名誉総裁エディンバラ公が現地を訪問、日本の総理大臣に手紙を書いた。このように石垣島新空港反対運動では国際的NGOの圧力を利用して運動を進める戦術が取られた。空港建設は休止された。これは、国際的NGOの影響力がその効果を発揮したためかも知れない。

　環境と開発に関する世界委員会（ブルントラント委員会）の報告書「われら共通の未来」は、リオ会議の方向づけをした重要な文書である[17]。この報告書は、NGOが、政府、財団より高い優先順位を与えられるべきことを強調している。NGOの活動を活発にすることは効率のよい投資であるとしている。すなわち政府の手の届かない所にも達することができるからである。NGOの権限を拡大し、情報を与えることが必要であるとなす。ストックホルム会議でのNGOの役割を評価する。ストックホルム会議以降は、NGOが危険を警告し、環境への影響を評価し、対策を示した。そしてNGOは大衆的、政治的利益となったと総括している。

　リオ会議で採択されたアジェンダ21は、一章をさいて「NGOの役割強化」の所でNGOの役割を高く評価している。そこでは政府や国連諸機関にNGOの育成を指示している[18]。

3．NGOと国際的環境問題
（1）環境問題の変遷

　1960年の初め、環境運動家はゴミの投棄や景観の悪化を取り上げていた。公園や川をきれいにすればよいと考えたのである。しかし、時代が経つにつれ、運動はゴミ問題一般に広がり、リサイクルに行きつく。さらにゴミのリ

第二部　組織的対応

サイクルから自然の循環へと広がり、生態学的循環の大切さに行きついた。環境問題の概念が広がってきたのである。それはリオ会議が示したごとく、環境問題は第三世界の貧困をも含む概念となったのである。北米自由貿易機構やGATTの交渉では、貿易が環境問題として取り上げられるようになった。また、社会正義も環境問題との関連で論じられる。

　国際的なNGOはこれらすべての変化に関わって来たわけではない。生態学的知識の普及の結果生まれた団体であると同時に、その知識を広めたともいえる。[19]

4．国際政治におけるNGOの評価をめぐって

　伝統的研究者は国家政策に注目し、その観点からNGOの役割を評価する。主権国家の相互作用が本質的な政治活動であり、権力とは国家が保有する手段であると理解するのである。NGOは政府の行為に影響を与えるから、NGOが重要になってきたとする議論である。[20]

　これに対しては、NGOの活動は国家に影響を与えるのみでなく、より大きな範囲での集団に影響している点を直視すべきであるというワプナーの主張がある。[21]例えばグリーンピースの行動は武器や法律によらず、人々の感性に訴えて新しい文化の樹立を呼び掛けるのである。国家を環境問題解決の中心とする考え方を国家主義と呼ぶ。他の考え方は、現行の分権的国家体制のもとでは、環境問題の解決は難しいので世界政府を作り対応すべしとする。超国家主義の考え方である。世界政府こそが一貫した総合的対策をたて、地球を全体として守ることができるとする。

　「国家主義」も「超国家主義」も国家の制度的枠組みにより環境問題に対応できるとする考え方である。これはいずれも政治における国家の役割を重視し、他の方法を評価しない考えである。ワプナーはこれらを、伝統主義的発想と言う。[22]

　これに対し、ワプナーは国家は中心的存在であるが、決して国際政治の随一の存在でないと主張する。国際環境政治に変化をもたらすためには、国家制度の内側、外側で機能する非国家的機能を利用しなければならない。[23]環境

第13章　NGO

問題の複雑性は、国家制度の機能を上回っている。国家制度のみにたよる改革ではどうにもならない。環境政治は国家関係を越えたところで環境保護をめざさなければならない。

ワプナーの主張は以上のとおりであるが、ここで便宜上この考えを「地球主義」と呼ぼう。NGOの国際環境政治における意味をきわめて積極的に解釈しようしている。国際政治の主要な役者、国家の限界をワプナーは正しく把握していると、私は思う。環境問題の意義が大きく変化し、人間の生存を脅かす事態になった以上、新しい発想が緊急に求められているのである。

NGOは国家という枠組とはまったく違った運動エネルギーであり、おそらく環境問題解決のための大きな希望ではなかろうか。それは権力とは違った次元から、人間の考えと行動に影響を及ぼす不思議な存在なのである。

注
(1) フレド・ピアス『緑の戦士たち』平澤正夫訳、相思社、1992年、34ページ、参照。
(2) P.Wapner, "Environmental Activism and World Civic Politics", Suny, 1996, p.47.
(3) 同上。
(4) ピアス、同上、13ページ。
(5) ピアス、同上、19ページ。
(6) Wapner、同上、77ページ。
(7) Wapner、同上、97ページ。
(8) Wapner、同上、121ページ。
(9) Wapner、同上、125ページ。
(10) Wapner、同上、155ページ。
(11) 米本昌平『地球環境問題とは何か』岩波新書、143ページ。
(12) 同上。
(13) Peterson, "Implementation of Environmental Regime", p.128, Oran R.Young, ed. Global Governance, The MIT Press, 1997.
(14) 同上、145ページ。
(15) 同上、146ページ。

第二部　組織的対応

(16) ピアス、同上、264ページ。
(17) The World Commission on Environment and Development, "Our Common Future", Oxford University Press, 1991, p.325.
(18) 「アジェンダ21」OECC、p.355-358、1996年。
(19) Wapner、同上、64ページ。
(20) Wapner、同上、58ページ。
(21) Wapner、同上、13ページ。
(22) Wapner、同上、8ページ。
(23) Wapner、同上、10ページ。

第14章　企業の対応

　企業が環境に大きな影響を与えていることから企業と環境の関係を考えることは重要である。2011年のGDP（国内総生産）の国別ランキング60位のバングラデシュより多い収入を得ている企業が50社ある。企業収入番付一位のローヤルダッチシェル（収入4,844億ドル）は、25位のノルウェー（GDP4,854億ドル）の次にくる。

　地球環境保全のために企業が何をなすべきかを考えたい。日本の経験を中心に考える。ここでは3つの視点から問題を考察したい。第一は否定的関係である。そこでは企業は公害被害者により責任を追求され、裁判所の命令により賠償金を払う事例がある。また企業が現状回復措置を取らされる場合もある。この関係は受動的である。第二次世界大戦後の日本経済の奇跡的発展は悲惨な公害病患者を生み出した。1960年代から環境汚染にたいする企業の責任が全国的規模で追求されて来たのである。今日でもいくつかの企業は汚染に対する賠償を余儀なくされている。2013年、ナイジェリアのデルタで操業するシェル石油に対し4人のナイジェリアの漁師が、オランダの地方裁判所に漁業を壊滅させたとして損害賠償を求めた。持続可能な発展と社会貢献を基本にしているシェル石油は、人権と環境保護を約束していると社長は語るが、シェル石油のパイプから漏れる石油で海を破壊された漁師は困っているのである。

　第二の視点は企業によるある種の環境政策の採用である。企業が社会的責任を意識し環境を汚染することなく、また汚染を最小限に留めながら企業活動を進めようとする場合のことである。環境問題にたいする企業の積極的関与とも言い得る。企業によりその取り組みは表面的なものから、たいへん真摯なものまでいろいろある。第三は企業が環境問題を収益事業の中に取込み活動を広げる場合である。いわゆるエコ・ビジネスの登場である。

第二部　組織的対応

1．企業による環境汚染に対する賠償

　1960年代と1970年代、企業は環境意識に目覚めざるを得なかった。産業公害は目に余るものがあった。ある企業は人の健康や生命までも奪うような操業を行った。四日市の石油コンビナートを構成する8社は大気汚染により、周辺住民に喘息などの公害病を引き起こしたし、富山の神通川流域では三井鉱山の排出したカドミウムがイタイイタイ病を、水俣ではチッソ㈱が周辺住民多数に水銀中毒症を引き起こした。1970年代初めこれらの加害企業は裁判所により損害賠償の支払いを命じられた。

　千葉市の川崎製鉄、大阪市西淀川区、川崎市、倉敷市の各大気汚染訴訟でも企業側の加害責任が認められてきた。

　水俣市を中心に発生した水俣病はその患者数、損害賠償額からいっても深刻な問題を提起した。チッソは1973年に熊本地方裁判所により、損害の賠償を命じられて以来増大する水俣病患者に賠償金を支払うことが難しくなった。熊本県はチッソが倒産したら企業城下町水俣市の経済的破綻、水俣病患者救済に支障がでることを恐れた。政府は汚染者負担の原則から、チッソを財政支援することはできないとした。そこでチッソを倒産させないため、熊本県が県債を発行し、チッソに融資するという形が取られた。チッソは上場廃止となった。1978年、熊本県はチッソに融資を開始、2008年3月末には、1,544億円の公的債務を負っている[4]。

　昭和電工株式会社は新潟県内で水俣病を起こしたとして1971年に裁判所より損害賠償金の支払いを命じられた。さらに昭和電工は栄養補助剤トリプトファンを遺伝子操作により製造、おもに米国へ輸出してきた。ところがトリプトファンを飲んだ人のうち、数十人が死亡、数万人に障害が発生した。そのために昭和電工は米国において1989年以降多額の賠償金の支払いを余儀なくされている[5]。兵庫県尼崎市の大気汚染に苦しむ公害病認定患者の提起した訴訟（1989年）では、関西電力、旭硝子、古河機械金属、住友金属工業、クボタ、合同製鉄、中山鋼業、関西熱化、神戸製鋼所の9社が国、阪神高速道路公団とともに被告となっている。1999年2月17日に、これら被告9社が24億円の解決金を支払うことおよび公害防止対策を進めることで原告（379人）

と和解した。⁽⁶⁾

　大阪市淀川区の日本油脂の工場跡地4.6haから高濃度のヒ素と水銀が検出され、地下水もヒ素で汚染されていた（1999年公表）。汚染土4万1千トンの土砂が運び出されている。10億円以上かかる費用は日本油脂が負担する。⁽⁷⁾

　石原産業は、発ガン性物質の六価クロムを含むフェロシルト（土壌埋め戻し材）を販売したが、その回収費用201億円を負担するために2005年の決算は70億円の赤字であった。⁽⁸⁾

　このように企業の活動により各地に汚染が広まったが、すべての汚染に対して企業がその責任を問われるとは限らない。偶然に汚染の被害が判明した時のみに企業が渋々その代価を払うがごときである。瀬戸内海の豊島に違法に捨てられた産業廃棄物50万トンの処理費用は、捨てた企業が倒産したため払えない事態となった。そこで企業の監督責任を問われた香川県がその代価を払わざるを得なくなった。

　東京電力は2011年3月11日に起こった福島第一原発事故により損害賠償責任を負うことになったが、その賠償額が会社の負担応力をはるかに越えたので、政府による融資によって支払いをせざるをえない情況となった。2011年8月、原子力損害賠償支援機構法が施行、東京電力に公的支援が開始された。

2．企業による環境管理制度へ

　多くの企業は政府の作った環境規制に従うが、一歩進んで政府の施策に協力し、または政府の規制をこえて環境対策を取ることができる。あるいは戦略的思考のもと新しい環境政策を採用することができるのである。環境保護運動により、圧力を感じる企業は経営姿勢をより「緑」にしなければならない。表1は価値観が環境論のもとではどう転換するのかを示している。

　企業に対し政府の施策に協力するよう求めることが最近ますます増えてきた。リオの地球サミット、環境基本法、環境基本計画などでは企業に柔らかく協力を求めている。世論は環境問題に強い関心を示すようになってきた。このような状況下で、経済団体連合会は、1991年経団連環憲章を採択した。

　1997年に経団連環境自主行動計画が発表された。37業種・138団体が参加

第二部　組織的対応

表1　環境論的価値観への転換

価値観	伝統的	環境論的
人　間	個人主義 個人の利益 独立 階層的（階級）	共同体の一部 共同体の利益 独立的 相互依存
自　然	人工的な物にする 人間の外の世界 搾取の対象	生命体 人間の世界の一部 共生すべし
人と自然の関係	人間中心主義 支配し制服する	調和的共存 自然との調和 育み 自然の保全

(Paul Shrivastava, The Greening of Business, p.5, "Business and Environment" St.Martin Pressより引用)

し、産業廃棄物、地球温暖化対策の具体的行動を促すために、業種ごとに数値目標と対策をたてた。成果は毎年公表される。

　この計画の参加者は大企業中心で、中小企業の参加がすくないことに問題がある。家庭や運輸部門が入っていないまた、「原単位」を目標にかかげているので、排出総量の規制にはならないことも問題である。

　環境庁の最近の調査「環境にやさしい調査」によればいろいろの措置が取られている。環境に関する経営方針の決定、環境目標の設定、行動計画の策定、環境組織の設置、環境監査の実施、環境教育の実施、環境情報の公開などでこれらの措置は任意で選択的に行われている。株式上場企業のうち74.4％が何らかの環境組織を有している。

　環境管理制度を採用する企業が増えている。環境管理に関しては、ISO14000シリーズの採用が進み、とくにヨーロッパや北米で活動する多国籍企業には環境管理は不可欠とされる。1996年ISO14000が日本でも有効となり、1997年7月の時点で330の工場が認定されている。電気、機械工業の会社のうち、すでに56.15％がその資格を取得している。日立、NEC、コニカ、ト

第14章　企業の対応

ヨタはすでに環境管理システム、環境監査制度を構築、環境担当の取締役を置いている。

　ISO 14000シリーズは企業に対し、企業が活動する上で青写真を提供するために考案されたのである。基準は企業が特定の環境目標を明らかにし、また環境監査手続き、活動評価、研修、教育を進めるための手引きとなるものである。(14)

　環境報告書は、企業の環境にたいする取り組みを公表するために作られる。上場企業の70％が環境報告書を出している。(15)2005年4月施行された環境配慮促進法により、国、独立行政法人に環境報告書の作成が義務付けられた。自治体には努力規定とされている。

　NECは環境経営マネジーメント体制を作り、企業の社会的責任を果たすとしてきた。(16)環境経営推進のためCRS（企業社会的責任論）推進会議を年4回開き、環境戦略、方針を決めている。各事業部に環境経営責任者が置かれ、年4回集まり、推進会議を開く。NECの環境憲章は、理念と7つの行動計画からなる。NECは環境経営行動計画をグループとして定めている。「人と地球にやさしい情報社会を創る」ため、「低炭素」、「生態系、生物多様性の保全」「資源循環・省資源」の3つの視点を有する。(17)

　NECグループは89の事業所でISO 14001を取得している。環境法遵守の監査も実施している。環境教育は、全従業員、新入社員、環境経営教育キーマンを対象に実施される。「環境アニュアルレポート」が毎年発行される。(18)

　最終消費財の製造業者や小売り業者は広告を重視し、消費者に常に呼び掛けを行う。一方製鉄業界、金属、発電、化学業界、金融業界は最終消費者からやや離れた位置にあり、これらの業界では環境管理制度に前者よりの関心が低くなりがちで、グリーンコンシューマーの影響が間接にしか届かない事情がある。

　企業の環境に関する社会的責任が、1990年代になりますます重要視されるようになり良い企業であることを社会に印象づけるためには、環境問題に対処していることを示さなければならない。(19)

127

第二部　組織的対応

　消費者が購入時にエコラベルをひとつの選択基準として利用できるエコマーク制度は1989年に始まった。日本環境協会が第三者機関として、エコマークの認定作業を行う[20]。エコマークの取得には2つの条件を満たさなければならない。(1)環境に対する負荷が小さいこと。(2)当該商品の使用にあたっても環境への影響が小さいこと。審査の基準は相対主義で平均的商品よりも汚染やエネルギー消費が小さいことが要求される[21]。
　審査ではリサイクルの可能性、森林資源の保護、水の少量利用、大気汚染、水汚染の少ないこと、エネルギー消費のより少ない生産方法を経ていることなどが考慮される。
　2013年の時点では家庭用品、文具、プラスチック製品、小売店舗、ホテル旅館が対象となっている。焼却炉、自動車、窓、建設機械、合成洗剤、農薬、サービスなどは業界自体が対象商品とすることを拒否している事情から対象外となっている。対象品は家庭消費財に限られている[22]。日本では、エコマークの申請がある商品のうち84%がエコマークの使用を日本環境協会により承認されている。ドイツのブルーエンジェルの承認率1.5%～3%と比較すればその差は大きい[23]。

3. 拡大する環境商品市場

　環境問題は企業に対して1つの挑戦として登場した。ある企業にとり阻害要因である、ある企業には成長の機会ともなる。企業にとって環境は大きな要因となっている。環境に関する新規市場が生まれつつある。環境破壊を防止する機器、汚染を除去する設備、環境質を測定する機器等新たな需要が生まれている。さらに、商品の購入にあたり、価格のみならず、環境的要因を考慮して消費者が商品を選ぶというグリーン購入が新しい動きとして登場してきた。環境設備工業会（460社加入）では、1996年に1兆5千7百7億円の売り上げがあったとしている[24]。

（1）安全農産供給センター株式会社
　1973年に「使い捨て時代を考える会」が京都市で組織された。1,000世帯の

会員は安全な食物を供給するため、株式会社安全農産供給センターを1975年に設立した。有機的栽培、国産で無農薬栽培による農産品、食品添加物を使用しない加工食品、セッケン、漂白剤を使用しない下着、タオルなどを会員に供給する会社である。2013年3月現在、この会社は土地建物、8台の2トン積みトラックを所有、11人の専従者を雇用している。2012年度の総売上高は4億6,800万円であった。[25]

（2）リヴォスとザ・ボディショップ

1972年3人の生化学者が自然素材から造るペンキの会社をドイツで設立した。屋内の化学物質汚染がひどくなる時代になり、リヴォスは安全な製品を製造する企業として出発した。石油から合成するペンキからは有機溶剤が空気中に蒸発し人体に悪影響を及ぼす。人類が昔から使用し安全性が確かめられてきた素材のみを使う商品の生産と販売に専念してきたのがリヴォスである。リヴォスは、安全な住環境を求める消費者の支持を得て90年代にはいり100人を越す従業員を雇うまでに成長した。[26]

ザ・ボディショップは1975年、英国女性アニータ・ロディックがブライトンで始めた化粧品会社である。動物実験を一切拒否し、自然素材のみで化粧品を作る会社として発展してきた。宣伝を行わずその分価格を低く抑えるという方針がある。64ヵ国に2,500店以上がある。[27] 中国には、ザ・ボディショップは一店もない。中国では動物実験を義務づけているためである。[28]

2006年、ザ・ボディショップは、ロレアルに買収された。ロレアルは動物実験をする会社なので抗議運動がある。アニータ・ロディックは2007年死去した。[29]

（3）エコツーリズム

旅行会社は、環境保護団体と共同で団体旅行に代えて、少人数による環境破壊的でない旅行の在り方を研究し始めた。自然への影響を最小限に抑え、美しい自然に触れ合う旅行の企画がなされている。これらの旅行形態はエコツーリズムと呼ばれる。ユースホステル協会もこういった旅行の開発に熱心

である。京都のNGO環境市民は、旅行者と協力してエコツーリズムの実験を行っている。1つは修学旅行生のために環境を考える旅行を企画していることである。第2は自然の美しいところへ行く少人数の旅を企画してきた。旅行会社にとっては新しい商品の開発ということになる。エコツーリズムの需要はかなりあると見られている。

　2007年にエコツーリズム推進法が作られた。環境と観光を両立させ、地域振興、環境教育の推進をめざす法律である(30)。エコツーリズムを、「観光旅行者が、自然観光資源について知識を有する者から案内または助言をうけ、当該自然観光資源の保護に配慮しつつ当該自然観光資源と触れ合い、これに関する知識および理解を深めるための活動」と定義される（第2条第2項）。政府がエコツーリズム推進のために基本計画を作ることとされた。地方自治体は、エコツーリズム推進協議会を作り、全体構想を定めることができると規定した(31)。

4．結論

　3つの視点から企業と環境の関わりを述べてきた。第1は過去に引き起こした汚染に対して損害賠償を払う企業を見た。日本の企業の環境との関わり合いはここから出発した。第2は新しい環境管理制度を取り入れた企業を見た。企業イメージの向上と効率的な経営をめざす事ができると経営者は考えたのであろう。消費者の厳しい目を無視しては企業は発展しない。環境に配慮した経営姿勢を消費者に伝えることが重要となって来たのである。ISO 14000シリーズの採用はその意味でたいへん企業にとり有益なものである。第3は環境市場が新たに生まれ、そこに参入して利益を得る企業が出始めていることを指摘した。環境に負荷をかけないで製品を作る経営をむしろ強調して業績を伸ばしている企業もある。

　企業の環境に与える影響は大きく、企業の参加なしには環境問題は解決できない。企業の中には、これらをよく認識し行動を始めたところもある。消費者は商品の購入にあたり価格のみが選択の基準でないことを示し始めている。

第14章　企業の対応

　企業はグローバリゼーションによって世界中に拡大し、多国籍化していく。同時に法律の規制をきらい、世界の富を収奪していく[32]。グローバリゼーションは規制緩和やその他危険な側面を有している[33]。それが環境保護の取り組みを難しくしている。

注

(1) www.globalnote.jp および www.memorva.jp, 2013.4.30.
(2) (同上)『金融』財団法人トラスト60、1995年、p.235。
(3) Der Spiegel 5/2013, Vier Fischer gegen Shell, 2013.4.30, p.68.
(4) www.minamata195651.jp2013.4.8.
(5) ジョン・フェイガン『遺伝子汚染』さんが出版、1996年、p.9。
(6) 「朝日新聞」朝刊、1999年2月16日。
(7) 「朝日新聞」朝刊、1999年2月5日。
(8) 「朝日新聞」大阪本社版朝刊、2006年2月11日。
(9) 松下和夫『環境ガバナンス』岩波書店、2002年、p.96。
(10) 同上。
(11) 同上。
(12) 環境庁『7年度環境白書』p.288。
(13) 同上。
(14) 「朝日新聞」東京本社版朝刊、1997年7月29日。
(15) 「日本経済新聞」東京本社版朝刊、2006年2月9日。
(16) www.jpn.nec.com, 2013.5.5.
(17) ibid.
(18) ibid.
(19) Jacob Park「持続可能なビジネスの文化と価値」第6回太平洋環境会議報告書、1998年、p.27。
(20) 山田国広『ISO14000から環境JISへ』藤原書店、1995年、p.70。
(21) 同上、p.71。
(22) 同上、p.71。
(23) 同上、p.75。
(24) 「日本経済新聞」東京本社版朝刊、1997年8月21日。
(25) 使い捨て時代を考える会「2013年総会資料」2013年3月24日。

第二部　組織的対応

- (26) www.livos.de, 2013.4.40.
- (27) www.the-body-shop-co.jp, 2013.4.9.
- (28) www.jp.wikipedia.org, 2013.4.9.
- (29) www.the-body-shop-co.jp, 2013.4.10.
- (30) 盛山正仁『環境政策入門』武庫川女子大学出版部、2012年、p.220。
- (31) 盛山正仁、同上。
- (32) 堤未果『㈱貧困大国アメリカ』岩波新書、2013年、p.273。
- (33) リチャード・フォーク『顕れてきた地球村の法』東信堂、2008年、p.154。

第15章　貿易と環境

　貿易の自由化が環境の悪化を招くのではないか。また環境規制が自由貿易を妨げるのではないかとの議論がある。ここでは貿易と環境の関係を検討する。

１．自由貿易論
　比較優位による国際分業論に基づく「自由貿易」は経済学者の合意事項である。「自由貿易」は反証のない限りよしとされた。自由貿易は関税を下げる、輸入数量制限をせず特定品目の輸入を禁止しない。すなわち輸入に制限を加わえず、市場にまかせるのである。そうすることにより貿易量が拡大し経済発展に貢献するとする考えである。
　比較優位とは、各国が優位にある品目を生産し輸出すればよいとする考え方である。国際分業論は優位にある品目に特化すればよいとなす。

２．自由貿易論に対する反論
（１）効率の点について
　外部費用（external cost）を内部化する国内政策を取っている国が外部費用を内部化しない国と貿易する場合、紛争が起こる。費用を内部化している国は、内部化していない国の製品に関税をかけてバランスを取る。非効率の産業を守るためでなく保護基準を下げる競争から自国の政策を守るためのものである。各国は費用の内部化のための規則を作る。外国へ輸出する国は、内部化の規則に従うだけということになる。
　競争は価格を下げる。価格を下げる方法は２つある。効率を上げるか、基準を下げるかである。基準を下げることは社会的、環境的費用を内部化することをしないことである。低い環境基準、低い労働安全基準、低賃金により費用を下げるのである。自由貿易は基準を下げる競争になりがちである。費用を外部化したり、無視して安くすることは効率にも反する。GATTにおい

第二部　組織的対応

ても囚人労働を例外としているが、子供の労働、保険をかけない危険な労働、最低条件の労働を例外とはしていない。

　利益を最大化しようとする会社は費用を外部化しようとする。国内では法的、行政的規制によりそれができない。しかし国際的にはそれがない。低い環境基準、競争基準で生産できる国が高い基準の国に輸出すると、高い基準の国のそれを下げる圧力となる。

（2）最適配分の点から
　比較優位説は、自由貿易が貧しい国、金持ちの国両方を富ますと主張する。高い賃金国の労働者は賃金が下がるが、貿易により物価が下がり全体として利益を受ける。しかし、これは資本が動かない前提での話である。資本移動が自由になると絶対的優位を求め、資本が移動する。比較優位論は崩れる。資本の自由化が進むと賃金の平準化が強くなる。外国へ資本が動けば国内雇用がなくなる。低賃金国の賃金を上げることはある。しかしそれも過剰人口により吸収されてしまう。高賃金国の労働者の失業と、資本の利益がもたらされる。
　新古典派は成長こそが世界の賃金を上げ先進国並みの賃金がすべてになるという。しかし、世界の人々の所得が先進国並になると環境がどうなるのか。地球の生態系の再生能力は現在の資源利用にも耐えられない。従ってすべての国の賃金が上がり資源利用が増えるとどうなるか。成長への限界は生産と分配の問題を押し流してしまう。自由貿易や自由な資本移動は基準を下げる競争を促すのである。効率的生産、公正な分配、持続する経済を下方に均衡させる。専門化して効率を上げることができたとしても失うものはもっと大きい。自由貿易地域が広がれば、広がるほど地方や地域共同体の責任は軽くなる。企業はますます低賃金国で雇用を増やし、高い賃金国で商品を売りまくる。
　貿易地域が広くなれば一つの地域の資源や汚染悪化からより長く逃れられる。資源が枯渇していない、また環境のよい所へ移れるからである。費用と利益を別々にでき、費用の内部化を避けることができる。多国籍企業が自由

貿易を好むのは、この理由による。労働者や環境保護論者が自由貿易を嫌うのもこの理由である。

規制は常に費用の外部化に興味を示す。規制は費用を内部化するのに必要である。費用低下は効率の向上により達成され、費用の負担を他者にかぶせたり環境基準を下げるなどの費用低下であってはならない。

3．途上国の累積債務

開発途上国から先進国へ金が流れ、途上国はますます増大する債務に苦しむ状態が続いている。これまで途上国が、IMF、世界銀行、先進諸国から借入を行えば行うほどその返済のため輸出指向型の経済政策を進めることを余儀なくされ、先進国市場に依存を強めることになった。先進国と途上国の経済格差は開くばかりである。

この傾向が続くのは世界銀行融資、ODAが途上国の支配層と多国籍企業を潤すからであるという説明もある。[1] 支配者層は経済の開発のもとに輸出向け換金作物の生産増を図ろうとし、多国籍企業は自由貿易、規制緩和を要求することにより、受け入れ国の政府と規制を逃れ行動の自由を得る。途上国の資源を収奪し、安い労働力を食い物とし、環境を破壊する自由を享有するのである。

4．WTO（世界貿易機関）の成立

戦後国際経済体制は、ブレトンウッズ体制のもと、IMF、IBRDおよび「関税と貿易に関する一般協定」（GATT）により、貿易の自由化をめざしてきた。自由貿易により世界経済を拡大させようとする考えを維持してきたのである。そして、GATT加盟国全体による農業、繊維、サービス、知的所有権、投資などについての包括的交渉が1986年ウルグアイで始まった。その交渉がまとまり、1995年1月には世界貿易機関（WTO）を設立した。WTOの目標は自由貿易の一層の発展である。2013年には158ヵ国が加入していて、25ヵ国が加入交渉中である。[2]

5. 環境と貿易をめぐって

多数国間環境保護条約、協定は少なくとも200以上あり[3]、いくつかが貿易制限をしている（1992年現在）。例えばワシントン条約の目的は、絶滅の危機にある動植物の貿易規制である。モントリオール議定書は、フロンの取引を条約加入国と非加入国で禁止している。こうした規定は、制限なき貿易のWTOの原則と摩擦を生む。

また環境保護を目的とする国内法がWTOの規定と衝突することがある。例えば米国の「ウミガメ保護法」はウミガメ保護装置なしでエビのトロール漁をしている国からのエビの輸入を認めない。米国はウミガメを保護しない漁法を取るインド、パキスタンからのエビ輸入を「ウミガメ保護法違反」として禁止した。インド、パキスタンはこの措置をWTOに提訴した。1998年に米国は敗訴した[4]。

WTOの環境貿易委員会（CTE）ではWTO協定改正を議論している。制限なき貿易のWTOの原則に環境保全の視点を盛り込む交渉を進めているのである。現在のところWTOの例外規定は「人、動植物の生命や健康の保護、有限天然資源の保存のための規制」で、限定的である。例外規定のなかに「環境保護の規制を認める」という表現が入れば問題は一応解決するが、厳しい基準の適用が輸出の障害になることを恐れる途上国側は、「環境の定義が広すぎて保護貿易の口実に使われる」と反対している。さらに各国の環境保護政策に差異がある。

環境貿易委員会（CTE）での環境保全の視点を盛り込む話し合いは停滞している。

1998年末、OECDが進めた多国籍間投資協定（MSI）が環境NGOの反対などで断念に追い込まれた。97年10月、67ヵ国、560におよぶ環境NGO、開発NGO、消費者団体が共同で反対声明を出した[5]。外国企業投資を自国企業と同等に扱うことは、地域の実情に合った環境規制や途上国などによる自国産業の育成政策に支障をきたす。いまの経済のグローバル化は、企業活動や物の流れの効率ばかり優先している。環境や労働、消費者、人権が置き去りにされているというのが環境NGOの主張である。

ヨーロッパ共同体（EC）は安全性を理由として成長ホルモンを含む牛肉の輸入を禁止して来た。米国の牛肉に牛成長ホルモンが残留しているから、米国の牛肉が標的となっている。またECによる遺伝子操作食品の新規認可、輸入の凍結にかんして、米国、カナダ、アルゼンチンは、WTOに提訴、パネル（裁定委員会）より、勝利の裁定を得た。WTOの協定に即しての判断であるから、環境保護や安全性をたてに貿易制限を加えることは難しいことを示した裁定であった。

　EUは、経済統合をめざす組織であり、関税を廃止するなど徹底した貿易の自由化をすすめてきた。最初の頃は、環境の件は触れられていなかったが、のちに環境政策も重要な柱となった。環境規制の共通化により経済統合をよりうまく進めたのである。また、北アメリカ自由経済協定（NAFTA）の設立にあたっては、環境規制についても平行して交渉がすすめられた。

　WTOのドーハラウンドの交渉が停滞する中、EUと米国の自由貿易協定（EU・米国FTA）の交渉が2013年6月に始まった。2年以内の締結をめざす[6]。米国は、OGM種子に対するEUの厳しい食品安全基準や食品成分表示義務の緩和を要求している。

　TPP（環太平洋戦略的経済連携協定）の交渉が日本を加えた11ヵ国で進んでいる。参加国の経済政策能力を制限し、投資家と多国籍企業の自由度を増すことが予想される[7]。貿易の自由化の中で環境規制、食の安全確保が国家にとって難しくなることが憂慮される。

注
　（1）鷲見一夫『世界貿易機関（WTO）を斬る』明窓出版、1996年、p.510。
　（2）中川淳司『WTO－貿易自由化を越えて』岩波新書、2013年、p.30。
　（3）Norman J.Vig, "Introduction: Governing the International Environment", p.9 **"The Global Environment"**, CQ Press, 2005.
　（4）「朝日新聞」朝刊、1999年2月18日。
　（5）同上。
　（6）堤未果『㈱貧困大国アメリカ』岩波新書、2013年、p.164。
　（7）堤未果、同上、p.165。

第二部　組織的対応

参考文献
- 鷲見一夫『世界貿易機関（WTO）を斬る』、明窓出版、1996年。
- 山崎圭一「環境と貿易」、『現代環境論』有斐閣ブックス、1996年。
- Durwood Zaelke, ed. "Trade and the Environment, Law, Economics and Policy" Island Press, 1993.
- 「朝日新聞」朝刊、1999年2月18日、主張・解説「環境にやさしい貿易」難題WTO協定改正こう着状態。
- Daniel C. Esty, "Economic Integration and Environemntal Protection", **The Global Environment**, CQ Press, 2005.

第16章　国際環境法の発展

はじめに

　国際環境法の誕生とその内容を紹介するのが本稿の目的である。地球的規模の環境問題を10項目に整理したら次のようになる。海洋汚染、酸性雨、オゾン層の穴、気候変動、砂漠化、熱帯林の破壊、生物多様性の保護、遺伝子組み換え食品、有毒化学物質、放射能である。これらの環境問題に国際社会がいかに対応しているのかを、国際法を通じて観察したい。第一にこれらの環境問題に関する国際法の発展を歴史的に見る。第二に国際環境法の形成過程を検討したい。第三に国際環境法の諸原則を紹介する。

　国際法の中で、1945年以降、人権法とともに、環境法の発展が著しいと思う。これは地球的規模で環境問題が顕われてきたため、国際社会がその解決を求めて努力してきた結果である。国際法の諸原則を駆使して、問題にあたるも必ずしも新しい事態に適切に対応できない。そこで新たな発想が必要とされ、新しい原則でもって問題にあたる努力が必要とされる分野である。

（１）国際法として

　国際法のほとんどの最近の教科書には「国際環境法」の章がある[1]。いくつかの国際環境法の著作は、国際環境法が国際法の分野の一つであると明言している[2]。

　私は1960年代の後半に国際法を初めて学んだが、当時国際法の教科書には、国際環境法の章はなかった（田畑茂二郎、上・下、有信堂、1966年）。しかしその事は、国際法が環境問題にまったく触れていないということではない。田畑茂二郎『国際法のはなし』（NHKブックス）には、アメリカのビキニ環礁での水爆実験が論じられていて、公海の自由との関係で実験の違法性が指摘されていた。これに対して新しい国際法の本は、上記に示したように国際環境法の章を設けて記述するようになった。

第二部　組織的対応

（2）環境法として

環境法の教科書にも「国際環境法」の章がある。国際環境法は環境法の一分野である。環境法という時、国内の環境法が主である。国内の環境法は、国際法との関連が強いため、どうしても環境法の一つの分野として国際環境法を入れているのである(3)。

（3）国際環境法

やがて2000年になると国際環境法の教科書が出版され始めた。礒崎博司『国際環境法』を始めとして、渡部茂己『国際環境法入門』、Alexandre Kiss, Jean-Pierre Beurier, "Droit International de l'Environnement"、水上千之、西井正弘、臼杵知『国際環境法』、松井芳郎『国際環境法の基本原則』、Ulrich Beyelin, Thilo Marauhn, "International Environmental Law"、などである。著者は、いずれも国際法学者である(4)。

この事実は国際環境法が一定の内容と体系を持ち始めた事を意味する。さらに今日の大学では、国際環境法の授業が行われている(5)。

1．国際環境法の歴史的展開

国際的規模の環境問題に対する国際法の取り組みは、船舶による海洋油濁防止の対策から始まった。「1954年の船舶の油による海洋汚濁防止条約」の締結が古い。海運国を指導してきた英国が外交会議をロンドンで主催して、本条約の採択を指導した。1958年になり政府間海事機関（Intergovernmental Maritime Consultative Organization）が生まれると、この機関が船舶による汚染問題を扱う事になった。現在は国際海事機関（IMO）と呼ばれる。大型タンカーによる石油輸送が増大し、廃油の排出や事故による海洋汚染が無視できなくなった。1969年には、油濁損害にたいする民事責任条約、油濁損害の場合における公海上の介入に関する条約が締結された。さらに、1973年の船舶による海洋汚染防止条約（マールポール条約）がIMOのもとで締結された。これら条約の締約国会議により条約の適用が図られている。

第16章　国際環境法の発展

（1）ストックホルム人間環境会議（1972年）以降

　1960年の終わり頃から酸性雨による被害が顕在化したスウェーデンは国連で環境問題を討論すべきことを提案した。そこで国連総会は、「人間環境会議」を1972年に開催する事を決定した。

　ストックホルムで開かれた「人間環境会議」を契機に環境条約が急増する。[6]この会議と前後してラムサール条約、ワシントン条約、世界遺産条約、海洋投棄条約が締結された。

　ストックホルム「人間環境会議」では環境問題の取り組みを組織化するため国連環境計画（UNEP）を創設することとした。こうしてUNEPは国連総会の補助機関として1973年から活動を始めた。

　UNEPは地域的海洋プログラムに取り組み、地域的海域保護の条約の締結に力を入れた。最初に地中海海洋汚染防止条約（1976年）の成立に成功した。その後、他の地域の海域でも同様の海洋汚染防止条約の締結が続いた。

　国連海洋法会議は、海洋の環境保護の規定を入れた国連海洋法条約（1982年）を採択した。海洋汚染防止のため全般的な規定を置いた。先行のIMOによる船舶規制による海洋汚染防止を踏まえ、新しい汚染源たる深海底開発による汚染防止を視野に入れた規定を設けた。

　UNEPはオゾン層の穴の問題に注目し、対応した。UNEPの提唱で外交交渉が進められ、1985年、ウィーン条約の締結に結実した。ウィーン条約により枠組みを作り、締約国会議でモントリオール議定書が合意され、具体的なオゾン層対策が進められた。

　ヨーロッパ大陸での酸性雨の防止を究極の目的とする長距離越境大気汚染防止条約（1979年）がある。スウェーデンが国連環境会議を提案した理由が、酸性雨の問題であった。ヨーロッパでの深刻な問題を克服するために、国連ヨーロッパ経済委員会での酸性雨対策が検討された結果である。

　UNEP、世界気候機関と学会は協力し、世界気候会議を共催、気候変動の問題に取り組んだ。1988年には温暖化に関して、まず科学的調査を徹底すべきとの合意のもとにIPCC（気候変動に関する政府間パネル）を設立した。IPCCの勧告に基づき、国連総会のもとで温暖化を防止するための条約交渉が始

第二部　組織的対応

められた。

　UNEPは、ストックホルム人間環境会議での議題「開発と環境」を途上国グループの強い要請で引き続き検討したが、1982年にブルントラント世界委員会に詳細な検討を委ねた。この世界委員会は、1987年の報告書『我ら共通の未来』のなかでSustainable Development「持続可能な発展」の概念を展開して、環境問題への対応を促した。この「持続可能な発展」の考えが1990年代以降の環境法に大きな影響を及ぼす。

　UNEPは、IUCNとともに、生物多様性の問題に取り組み、生物多様性条約の締結のために条約締結国のための会議を開催し、1992年のリオ地球サミットでの署名をめざして交渉を進めた。

　有毒化学物質の諸問題にもUNEPがかかわって来た。バーゼル条約（1989年）は、国境を越える有毒廃棄物の規制を定める。UNEPの働きかけ抜きには、この条約の締結は語れない。

（2）リオの地球サミット以降

　1992年リオで地球サミットが開催された。そこでリオ宣言、アジェンダ21、森林声明を採択、2つの条約の署名を行った。「環境と開発に関するリオ宣言」は、いくつかの重要な法原則を取り入れた。持続可能な発展（Sustainable Development）、予防的手法（Precautionary Approach）、共通であるが差異ある責任（Common but Differentiated Responsibility）など環境条約の柱となる原則を宣言文に入れたのである。アジェンダ21（行動計画）は国際社会が「持続可能な発展」の実現のためになすべき事を詳細に叙述した。その中で砂漠化防止のための条約を1994年までに作る事を明記したので、国連の組織した交渉委員会はこの実現に努力し、砂漠化防止条約の採択に至った。

　また、有毒化学物質の規制のために、UNEPが音頭を取り交渉をすすめた。ロッテルダム条約、ストックホルム条約はその成果である。2006年に採択された「国際的化学物質管理のための戦略的アプローチ」SAICM、(Strategic Approach to International Chemicals Management)は、化学物質の健康と環境への影響を最小とする方法を2020年までに作る事を目的にしている。

UNEP、WHO、OECDがそれぞれ承認するため検討会議が行われている。

アジェンダ21の提案に基づき、「持続可能な発展」を監視する委員会 (CSD, Committee on Sustainable Development) を設置した[7]。CSDは経済社会理事会の機能委員会として活動する。経済社会理事会により3年の任期で選挙された53ヵ国から構成され、毎年2～3週間会合する。さらにGEF（Global Environmental Facility、地球環境基金）の拡充が決まり、途上国の環境問題の取り組みの支援をめざすこととなった。

リオの地球サミットから10年たった2002年8月末から、ヨハネスブルグで国連主催の「持続可能な発展に関する世界首脳会議」が開かれ、ヨハネスブルグ宣言と実施計画を採択するため191ヵ国が参加した。小泉首相を含む104人の首脳が集った[8]。

リオの地球サミットから20年たった2012年、リオプラス20（国連持続可能な発展に関する会議）がリオで開かれ、「持続可能な発展」の成果を振り返って、「我々が望む未来」を採択した。同じく191ヵ国が参加したが、オバマ米大統領、メルケル独首相、野田首相は欠席した[9]。

2．国際環境法の形成過程と適用過程

国連の総会、経済社会理事会、国連の経済委員会、国連以外の国際機構が交渉の場を提供したり、条約交渉を提案する事が多い。国連専門機関、国際機構により分野別での環境問題の取り組みが行われてきた。1973年より国連総会の補助機関UNEPが、地球的規模の環境問題にかんして組織的な取り組みをしてきた。

（1）条約により事務局の設立、締約国会議の制度を作る場合が多く見られる。締約国会議で条約の目的を達成するための交渉、新たな条約（議定書）を作る。条約の具体的な適用が論じられる場として締約国会議が機能している。オゾン層保護のためのウィーン条約、気候変動枠組条約、生物多様性条約は定期的に締約国会議を開き詳細な取り決めを作ってきた。モントリオール議定書、京都議定書、カルタヘナ議定書がそれぞれの締約国会議で作られ発効している。

第二部　組織的対応

（2）条約締約国会議に勧告するために専門委員会の設置が多く見られる。具体的、技術的事項に関しての調査に基づく勧告が締約国会議に送られ正式に採用されることも多い。
（3）専門環境機関の設置―UNEP、IPCC、CSD、GEFなどが設置された。これらの機関は、限定的な狭い分野でその職務を果たしている。
（4）環境問題にかんしての国連総会の決議がなされる。国連総会の決議は国際社会の総意を反映するものとしてその意義は大きい。国連総会の決議が条約化への出発点になる事が多い。
（5）途上国の環境に対する取り組みを支援するために資金の提供を行う事が普通になってきた。GEFは、途上国が地球的規模の環境問題に取り組む資金を供給する。オゾン層、温暖化、生物多様性、土地劣化、海洋汚染、残留性有機化学物質が対象となっている。

3．国際環境法の諸原則

　国際環境法の諸原則として、汚染者負担原則、持続可能な発展、共通だが差異ある責任、予防原則を紹介する。

（1）汚染者負担原則

　汚染者負担原則は、元来OECDで1972年勧告の形で初めて取り上げられて以来、多数国間環境条約に挿入されてきた。2001年のストックホルム条約（POPS）はリオ宣言第16原則を引用してその適用を明確にしている。
　環境汚染の責任は、汚染者がこれを負担するとする考え方である。リオ宣言の第16原則においては、この汚染者負担原則が謳われている。「国の機関は、汚染者が原則として、汚染による費用を負担すべきであるというアプローチを考慮して、また、公益に適切に配慮して、国際的な貿易、投資をゆがめる事なく、環境費用の内部化と経済的手段の使用の促進に努めるべきである」。この文言は、原則というより規範的な性格であるとの指摘がある。[10]
　EUは、マーストリヒト条約の中で、PPP原則を謳い、環境行動計画、勧告にPPP原則を採用している。OECDは、汚染者負担原則について、何度も

勧告の形でその採用を促してきた。いくつかの多数国環境条約もPPP原則の条項を含んでいる。リオ宣言第16原則の文言は、「各国はPPP原則の促進に努めるべきである。」と勧告的な言い回しにとどまり、慣習法の確認の文言ではない。しかしPPP原則は少なくともEUおよびOECD加入国の間では慣習法となっている。

（2）持続可能な発展

「持続可能な発展」は、1990年代から国際的環境問題を論ずる上で不可欠の概念として使用されている。この概念はそもそも1972年のストックホルム人間環境会議の「開発と環境」議論から生まれたと考えられる。1992年の地球サミットでは、中核的な考えとして広く浸透していく。そこで採択されたリオ宣言、アジェンダ21、署名された2つの環境条約の中核的概念となった。リオ会議での合意により設立された「持続可能な発展」に関する委員会（CSD）は、この原則の実施を監視する役割を負っている。1992年以降の環境条約には、かならずこの文言が入れられている。

ICJのガブチコボ・ナジマロシュ事件（1997年）において法原則としての「持続可能な発展」が原告のハンガリーにより主張されたが、裁判所は法原則としては認めなかった。個別意見を書いたウイラメントリー判事は、これを肯定した。

2002年にはヨハネスブルグで、「持続可能な発展に関する世界サミット」が開催された。2012年に、さらにリオプラス20（持続可能な発展に関する国連会議）が開かれた。いずれも「持続可能な発展」の実現を目指す会議である。

（3）共通だが差異ある責任

今日、先進国も途上国も地球的規模の環境問題に直面している。先進国は、途上国よりもオゾン層破壊、温暖化、生物多様性破壊に大きくかかわって来た。途上国と先進国の経済には大きな格差がある。先進国は、環境問題の解決のためにより多くの貢献ができる。共通だが差異ある責任は、この2つのグループの異なった状況に対応すべく登場した。

第二部　組織的対応

　リオ宣言の原則7は「…地球環境の悪化に対する異なった寄与という観点から、各国は共通であるが差異ある責任を負う…」と規定する。気候変動に関する国連枠組み条約は、前文にこの規定を置いた。
　既に1972年のストックホルム人間環境会議で、途上国は環境汚染の問題を先進国の責任で解決し、途上国の開発を妨げてはならないと主張した。ストックホルム宣言原則23後段では、「もっとも進んだ先進国に取っては、妥当な基準であっても開発途上国に取っては不適切であり、かつ不当な社会的費用をもたらす事があり、このような基準の採用の限度を考量する事が、すべての場合に不可決である。」と途上国の立場を認めている。同第24原則は、「環境の保護と改善に関する国際問題は、国の大小を問わず平等の立場で協調的な精神によって扱わなければならない。…」と共通の責任を謳っている。
　1992年のリオ宣言は、明文で「共通だが差異ある責任」という言葉で表現した。多数国間環境条約が、途上国に資金援助、技術移転の制度を取り入れているのはこの原則の適用にほかならない。地球環境基金（GEF）の設立もこの分脈で理解できる。

（4）予防原則
　科学的不確定性にも関わらず、取り返しのつかない事態を防止するため、怪しいと考えられる段階で措置を取る事を認める立場が予防原則である。人類が今まで経験した事のない新しい技術、製品が100パーセント無害であるかどうかの科学的証明が得られるまで、慎重に対応しようとする考え方である。
　1990年ベルゲンでの国連欧州経済委員会加盟国34ヵ国の閣僚会議で「持続可能な発展」に関する宣言が採択されたが、その中で予防原則の採用が謳われた。[14]
　1992年のリオ地球サミットで採択された、リオ宣言の原則15の「深刻なまたは、回復不可能な損害が存在する場合には、科学的確実性の欠如を、環境悪化を防止するための費用対効果の大きい対策を延期する理由として援用してはならない。」の規定につながる。リオで署名された気候変動国連枠組み

条約、生物多様性条約もこの原則を明記した。1992年以降に締結される多数国間環境条約にも予防原則が入れられるようになった。現在50を超える多数国間環境条約において、予防原則が謳われている。[15]

2000年に締結された生物多様性条約カルタヘナ議定書第1条は、予防原則にしたがって遺伝子組み換え生物の国境を超える移動に関して適切な保護を確保すると謳う。

予防原則が慣習法になりつつあるとする説と慣習法であるという説がある。[16] 私は、慣習法説を取る。その理由は、国際会議での諸国家の何度にも及ぶ予防原則の承認、確認の行動にある。条約の交渉会議、署名、批准の国家行動から広く予防原則の存在を認めることが可能なのである。[17]

おわりに

国際法は、地球的規模の環境問題に直面し新しい概念、原則を発展させてきた。国際環境法が生まれたのである。国際人権法、国際経済法と同様、国際法の内容の多様化の一部をなす。

国際環境法では、持続可能な発展（Sustainable Development）が主導的な原則となり、共通だが差異ある責任、予防原則とともに特徴ある体系を形成している。また環境法条約の形成過程、適用過程を見ると科学的調査による問題の認識、国際機構での外交交渉、枠組み条約の締結、締約国会議の活用による具体的方策の決定の過程が見られる。

10項目の地球的規模の環境問題に関しては不十分ながら下記のような条約が結ばれている。

（1）酸性雨については、「長距離越境大気汚染防止条約」（1979年）と関連の議定書がある。
（2）オゾン層の穴に対しては、「ウィーン条約」、「モントリオール議定書」がある。
（3）気候変動では、「気候変動国連枠組み条約」、「京都議定書」がある。
（4）海洋汚染に関しては、「マールポール条約」、「国連海洋法条約」、「海洋投棄条約」、「地中海海洋汚染防止条約」等がある。

第二部　組織的対応

（5）砂漠化については、「砂漠化対処条約」がある。
（6）熱帯林の破壊に関しては、「国際熱帯木材協定」がある。
（7）生物多様性の保護については、「生物多様性条約」、「カルタヘナ議定書」、「名古屋議定書」がある。「ワシントン条約」、「世界遺産条約」もこれに関する。
（8）化学物質の規制については「ロッテルダム条約」、「ストックホルム条約」がある。
（9）放射能の規制に関しては、「南極条約」、「部分的核実験禁止条約」、「核物質防護条約」、「原子力事故早期通報条約」、「原子力事故相互援助条約」、「使用済燃料管理及び放射性廃棄物管理の安全に関する条約」がある。
（10）遺伝子組み換え食品の生物安全性に関しては貿易の規制を環境保護の手段とする「生物多様性条約」、「カルタヘナ議定書」がある。貿易と環境についての関係をどう考えるべきなのかについては、WTOの環境と貿易委員会で検討が続いている。

　これらの環境関連条約は問題ごとに締結されている。そして条約加入国が条約ごとに異なっている。一律に全地球的にこれら諸条約が適用される訳ではない。慣習法の成立により普遍的な規範が出来上がるが、時間がかかり曖昧さが残る。

　無限の経済発展は地球の資源、環境容量の限界があるので不可能である。地球の有限性の中で節度をもって生きるしかない。国際環境法はそのための最低限の規範を示そうと試みてきた。今後の更なる発展が期待される。

注
　（1）たとえば下記の国際法の本を参照すると、国際環境法を記述する章がすべての本に認められる。
　　・松井芳郎『国際法から世界を見る』第3版、「第10回国際法を緑にする」有斐閣、2011年、p.177〜203。
　　・藤田久一『国際法講義2』、「第8章第4節　環境の国際規制」東大出版会、2004年、p.184〜212。

第16章　国際環境法の発展

- 島田芳夫編『国際法学入門』、「第11章　国際環境法」成文堂、2011年、p.194～214。
- 横田洋三編『国際社会と法』、「第13章　国際環境法」有斐閣、2011年、p.253～276。
- 中谷和弘他『国際法』、「第15章　国際環境法」有斐閣アルマ、2012年、p.282～301。
- 横田洋三編『国際法入門』、「第6章　地球的課題と国際法　3.地球環境と国際法」有斐閣、1996年、p.291～301。
- 小寺彰他『講義国際法』第2版、「第14章　国際環境法」有斐閣、2010年、p.382～410。
- 酒井啓亘他編『国際法』、「第5編　国際公益の追求第2章　国際環境・共有天然資源」有斐閣、2011年、p.476～507。
- 大沼保昭『国際法』、「第9章　地球環境と国際法」東信堂、2008年、p.429～466。
- 杉村高嶺『国際法学講義』、「第14章　国際環境法」有斐閣、2008年、p.361～380。
- リチャード・フォーク『顕われてきた地球村の法』東信堂、2008年、p.133～161。
- 浅田正彦編『国際法』第2版、「国際環境法」東信堂、2013年、p.347～375。
- 栗林忠夫『現代国際法』、「第15章　国際環境法」慶応義塾大学出版会、1999年、p.475～488。
- 森川俊孝他編『新国際法講義』、「第12章　国際環境法」北樹出版、2011年、p.180～196。
- 柳原正治他編『プラクシス国際法講義』第2版、「第20章　国際環境法」信山社、2013年、p.324～345。
- Malcolm D.Evans, ed. "International Law", 3rd edition, Oxford University Press, 2010.

（2）水上千之、西井正弘、臼杵知史、『国際環境法』有信堂、2003年、ページⅰ（はしがき）。

松井芳郎『国際環境法の基本原則』東信堂、2010年、p.10～11。

Kiss, Bueurier, "Droit International de l'Environnement", Pedone, 2000,

第二部　組織的対応

　　　　p.19.
　　　　渡部茂己『国際環境法入門』ミネルヴァ書房、2001年、p.8。
　　　　杉村高嶺『国際法学講義』有斐閣、2008年、p.361。
　　　　Sandrine Maljean-Dubois, "Le Droit International face au Defi de la Protection de l'Environnement", Colloque d'Aix-en-Provence, Editions Pedone, 2010, p.37.
（3）下記の本がその例である。
　　　・Michel Despax, "Droit de l'Environnement", Litec, 1980, pp.657-780.
　　　・阿部康隆、淡路剛久『環境法』有斐閣ブックス、1995年、p.87〜120。
　　　・山村恒年『検証しながら学ぶ環境法』全訂版、昭和堂、2002年、p.265〜288。
　　　・大塚直『環境法』第3版、有斐閣、2010年。
　　　・南博方、大久保規子『要説環境法』第4版、2009年、p.247〜266。
（4）下記の国際環境法の本がある。
　　　・磯崎博司著『国際環境法』信山社、2000年。
　　　・渡部茂己『国際環境法入門』ミネルヴァ書房、2001年。
　　　・Alexandre Kiss, Jean-Pierre Beurier, "Droit International de l'Environnement", Pedone, 2000.
　　　・水上千之、西井正弘、臼杵知史編『国際環境法』有信堂、2001年。
　　　・パトリシア・バーニー/アラン・ボイル『国際環境法』慶応大学出版会、2007年。
　　　・松井芳郎『国際環境法の基本原則』東信堂、2010年。
　　　・Ulrich Beyelin, Thilo Marauhn, "International Environmental Law", Hart, 2011.
（5）立命館大学大学院国際関係研究科では、「国際環境法」の科目が設置されている。著者は、2010年度までこの科目を担当した。
（6）David Armstrong, Theo Farell, Helene Lambert, "International Law and International Relations", Cambridge University Press, 2007, p.259.
（7）Sandrine Maljean-Dubois, "Quel Droit pour l'Environnement?", Hachette, 2008, p.116.
（8）www.mainichi.jp、社説「リオプラス20　緑の経済へと近づけよう」（6月24日）2013.7.2.

第16章　国際環境法の発展

(9) www.mofa.go.jp、「持続可能な開発に関する世界首脳会議」、2013.7.2.
(10) Ulrich and Beyerlin, "International Environmental Law", p.59.
(11) ibid.
(12) 杉原高嶺『国際法講義』有斐閣、2008年、p.37。
(13) Beyerlin, Marauhn, "International Environmental Law" Hart, 2011, p.63.
(14) ECEベルゲン宣言「重大なまたは回復不能な損害の脅威がある場合には完全な科学的確実性の欠如が環境悪化防止の措置を遅らせる理由とされてはならない。」1990年34ヵ国が署名した。
(15) Beyerlin, Marauhn, "International Environmental Law", Hart, 2011, p.49.
(16) Cameronは、慣習法と主張する。参照。James Cameron and Juli Abouchar, "The Status of the Precautionary Principle in International Law", p.52 D.Freestone and E.Hey (eds), The Precautinary Principle and International Law 53-71, Kluwer Law International, 1996.
Beyerlinは、慣習法になりつつあるとする。参照。U Beyerlin, T.Marauhn, "International Environmental Law", Hart, 2011, p.56.
(17) Cameron, Bouchar, "The Status of the Precaution Principle in International Law", Kluwer Law International, 1996, p.51.

第三部　思考的接近

第17章　持続可能な発展

　地球的規模の環境問題を考えるにあたって「持続可能な発展」は1つの観点を提供しうる。「Sustainable Development」(Développement Durable) という言葉が持続可能な開発と政府文書では訳されている。本文では「持続可能な発展」と訳する。

　環境と開発は不可分に結びついており、環境問題が国際社会に最初に提示された時から議論されてきた。1972年のストックホルム会議では「開発と環境」として議論され、1973年からは「環境と開発」となり、1987年には「持続可能な発展」の言葉が使用されるようになった。1983年に国連により設置された環境と開発に関する世界委員会の報告書は「持続可能な発展」概念を打ち出し、1992年のリオで開かれた「国連環境開発会議」で支配的な言葉となる。2002年のヨハネスブルグ持続可能な発展に関する首脳会議、2012年のリオプラス20（持続可能な発展に関する国連会議）での議論をふまえて「持続可能な発展」の意味を考えたい。

1．ストックホルム会議提案の中で

　「開発と環境」は1972年にストックホルムで開かれた国連人間環境会議にさかのぼることができる。過度の開発に悩むスウェーデン政府が環境にかんする国連会議の開催を提案したところ途上国の関心は低いものであった。人間環境会議の準備過程で途上国の関心を高める努力がなされる中で、途上国の問題意識が明らかになった。それはすなわち開発の遅れによる貧困、不衛生、人口爆発、教育の遅れが問題であるという。開発こそが唯一の解決法であるとの主張であった。汚染したのは先進工業国であるから、先進国が責任を取るべきであるというものであった。開発を妨げるような政策は途上国は取れないと主張した。

　そこで1970年の経済社会理事会は来たるべきストックホルム会議が低開発国の開発に特別の必要性を考慮することを求めた。これは、途上国の問題を

考慮することを確認したのである。同年の国連総会も同様の決議を行った。これらの決議をうけてストックホルム会議の準備委員会は「開発と環境」を議題とすることを決定した（1971年2月）。1972年のストックホルム会議は6つの議題をとりあげた。その1つが「開発と環境」であった。

1971年スイスのフネに27人の専門家を招き「開発と環境」について討論を深めた。フネレポートは、次の二点をあきらかにした。

（1） 環境問題は先進工業国の経済開発の結果生まれた。途上国が開発の努力を集中している時にである。途上国の環境問題は貧困、不衛生、栄養不足、不良住宅健康障害、自然災害など開発の不足による。

（2） 先進国の環境政策が途上国の貿易、援助、技術移転を妨げることがあってはならない。

1971年11月、リマに77ヵ国グループの96ヵ国は集まり第三回UNCTAD総会の戦略を協議したとき、ストックホルム会議でも共同行動をとることを確認している。

1971年12月の国連総会に途上国グループは「開発と環境」決議を提出した。決議は先進国が汚染源であるのでその対価を払うべきこと、ストックホルム会議は低開発国の利益を考慮すべきことをうたう。米国、英国が反対、先進工業諸国（東欧）は棄権した。

2．ストックホルム会議

ストックホルム会議にインドからガンジー首相が参加、途上国の開発の必要性を強調した。採択された人間環境宣言、行動計画の中に「開発と環境」が入れられた。

1972年12月の国連総会はストックホルム会議の勧告に従い、国連環境計画（UNEP）の設立を決めた。さらにフィリピン、エジプト、イラン、レバノン、パキスタン、ペルーの共同提案「開発と環境」が採択された。この決議にたいしては110ヵ国が賛成、16ヵ国が棄権した。内容は下記のようであった。

・UNEPの管理理事会は途上国の開発に配慮すること。
・第二次国連開発10年の開発戦略では途上国の開発を優先すること。

・UNEPの出資金拠出にあたっては、既存の開発援助の水準を下げないこと。

3．UNEPの取り組み

UNEPはメキシコのココヨクで専門化によるセミナーをUNCTADと共催した。ココヨクでの報告は下記のようであった。
・多くの人が飢え、病気、家のない状態に苦しみ環境悪化、資源枯渇が問題になっている。
・分配の不平等によりすべての人々に安全で幸福な生活を保障できない。
・人間の基本的要求を満たさないものは開発とみとめない。少数エリートを富まし格差を広げるものは開発でない。

1976年UNEP事務局長報告「環境と開発」が出された。管理理事会が環境と開発の問題を取り上げる必要を認め、特別議題とすることを決議したからである。この報告書は、国連の開発計画に環境にたいする配慮が少ないことを指摘、UNCTAD、UNIDO、UNDP、国連専門機関に環境配慮を要請した。先進国と途上国の格差が広がり環境が悪化すると報告した。

この報告を受けて管理理事会は環境と開発について、「環境上健全な開発」を求めた。ストックホルム会議の前後は「開発と環境」という表題で取り上げられてきた。それが1973年の国連環境計画の設立以降、「環境と開発」という言い方に変化した。これは内容が変化したためでなく単なる修辞法の変化として理解してよいと、私は思う。

4．ブルントラント委員会（環境と開発に関する世界委員会）

この委員会の設置は1982年にUNEPの管理理事会で提案され、国連総会に承認のため回付された。国連総会の承認後、国連事務総長はブルントラントを委員長に任命した。委員会はジュネーブに事務局を置いた。国連総会にたいして環境と開発に関する報告書を提出することを任務とする。

ブルントラントが委員長に選ばれたのは次のような理由による。ブルントラントは当時ノルウェー労働党の党首であった。ノルウェー政府で環境大臣

を務めたあと総理大臣になった人物であった。環境大臣がともすればワキ役でしかない現実を拒否し、希望を抱かせるからであった。

ブルントラント委員会は1987年に報告書「我ら共通の未来」(Our Common Future) を完成した。

開発途上国の貧困の解決のための開発を正面から取り上げたのは、途上国が多数を占める国連総会の意向を十分くんでのことであった。委員会の23人の委員の構成も、個人の資格で専門家を選出したものの、途上国出身者が過半数を占めるよう構成さた。これは委員会設置にあたっての国連総会の決議に基づくものであった。ブルントラント委員会は2000年までの長期的な持続的成長を達成するために環境戦略を考え、長期的環境問題を定義し、対応手段を考えた。日本からは大来佐武郎氏が委員として参加した。この委員会の会期中、アフリカの飢餓、ボパールの事故、チェルノブイリの事故があいついだ。委員会は五つの大陸で公聴会を開き、報告書をまとめたのである。

5. 持続可能な発展

ブルントラント委員会の「持続可能な発展」の考えは、開発途上国のきびしい生活を送っている多くの貧しい人々の生きるための最低の物的要求を満たすことが必要であるとする立場をとる。そのためには、開発が必要というわけである。

これは開発途上国の貧困が最大の環境問題であるというインディラ・ガンジー首相の1972年の主張と共通している。「開発と環境」はストックホルム会議で取り上げられた後、国連環境計画により引きつづいて追求されてきた。開発途上国は、広がる一方の経済格差の是正を求めてきた。国連は「開発10年の年」を1960年代、1970年代、1980年代、1990年代に指定した。また途上国は国連貿易開発会議 (UNCTAD) を通して、貿易の改善を求めた。ストックホルム会議から10年して、環境と開発の問題が何も解決していないことを反省し、国連総会の下に、1983年「環境と開発にかんする委員会」を設置したのである。

一部の産油国が石油収入を確保、東アジアや東南アジア諸国が工業化に成

功したものの他の大多数の途上国は、貧困から逃れられない状態が続く。開発途上国にとっては地球環境が悪化したといって余分の財政負担、国際義務の履行を求められるのは心外である。地球汚染を引き起こした先進工業国が責任をとるのが筋である。

　人間が生存できる状態を作り維持することこそ、貧困に苦しむ発展途上国の強い欲求である。貧困をなくすためには開発こそが随一の方法である。まして、環境保護を理由に援助が減額されたり、貿易に制限が加えられ、開発資金が減らされることは認められない。1985年、途上国から先進工業国へ、差し引き400億ドルの資金が流れているとブルントラント委員会の報告は指摘する。この支払いは、主に南の諸国の天然資源を調達して支払われている。自然を売却したことを意味する。

　「われら共通の未来」の中での持続可能な発展は、次のような定義を与えられている。

　持続可能な発展は、将来の世代が要求を満たすのを妨げることのないようなしかたで現代の世代の要求を満たすこと。要求とは、世界の貧しい人々の要求を最優先に考えなければならない。また現代および将来の世代の必要を満たすばあいの環境の容量にたいする技術的、社会制度的なものによる限界の存在を考える。発展とは経済と社会が有機的に発展することである。人々の要求と希望を満たすことが開発の主要な目的である。

　環境と発展は離れた課題ではなく、不可分に結びついている。発展は悪化するような環境資源のうえには成立しない。環境破壊の費用を無視するような成長があるとき、環境は破壊される。これらの問題は縦割りの政策や行政組織により別々に扱うことができない。環境と発展は複雑な因果関係によりつながっている。

　わたしたちは地球の生物圏に依存して生きている。しかし個々の共同社会や個々の国は他への影響を考えないで生存と繁栄を求めている。ある人々は将来の世代に何も残さないような割合で地球の資源を消費している。他の人々ははるかに少ない量しか消費せず飢えと病気と短い寿命に耐えている。

　このように「われら共通の未来」は国際社会のおかれている状況をきわめ

第三部　思考的接近

て的確に表現している。1987年の国連総会は、この報告にかんする決議を採択した。そこでは、「持続可能な発展」が各政府の指導原則となるべきことを宣言した。決議は「持続可能な発展」を次のように定義する。

　環境と天然資源が悪化し、開発への影響が心配になってきた。開発により現在の必要性を充足することが望まれるが、現代の世代が資源を枯渇させるような方法は許されない。発展は将来世代の必要性を考えたものでなければならない。

　そのうえで、持続可能な、環境上健全な開発をめざすべしとする。貧困を解決するためには、経済成長は必要であるが、資源をなくなるまで使ったり、また環境を悪化させてはならない。究極的には、平和の維持、成長の回復、貧困問題の改善、人間の必要性を満たし、人口増加の問題に取り組み、資源を保全し、技術を改革し、危険を管理すべしと主張する。政策を作るときは、環境と経済を統合せよとなす。

　この総会決議は、ブルントラント委員会の報告に同意を与えたのであった。したがって、この報告はリオ会議への方向を決定したといえよう。

　1992年にストックホルム会議から20周年を記念して国連環境会議をリオで開くにあたって、その名称が「国連環境開発会議」と命名されたのは、「環境と開発」議論の強い影響と見ることができる。

　このリオ会議(地球サミット)で採択されたリオ宣言、アジェンダ21、森林原則声明や、署名された気候変動に関する国際連合枠組条約、生物多様性条約の中に「持続可能な発展」の考えが余すところなく表明されている。

（1）リオ宣言
　リオ宣言は全部で27の原則を掲げた。その中で下記の原則が持続可能な発展に触れている。
　第1条：人類が持続可能な発展の中心にあることをうたい、自然と調和しつつ健康で生産的生活を送る資格があることを宣言した。
　第4条：持続可能な発展を達成するため環境保護は開発過程の不可分の部

分であるという。
第5条：すべての国は持続可能な発展を必要不可欠のものとして貧困の撲滅という課題において協力すること。
第7条：先進諸国は環境へかけている圧力、支配している技術、資源の点から持続可能な発展の国際的追求において有している責任を認める。
第8条：各国は持続可能でない生産消費の様式を減らす。
第9条：科学的知見の交換、技術移転をする各国は、持続可能な発展のため各国の対応を高める。
第12条：すべての国の経済成長と持続可能な発展をもたらすよう協力する。環境を守るための貿易政策上の措置は恣意的な不当な差別的なものであってはならない。
第20条：女性の参加は持続的な発展のため必須である。
第21条：持続可能な発展の達成のため青年のパートナーシップを構築する。
第22条：先住民の文化・利益を尊重し、持続可能な発展への参加を促す。
第24条：戦争は持続可能な発展を破壊する。
第25条：平和、開発、環境保全は不可分である。
第27条：持続可能な発展のため国際法の発展が必要である。

このようにリオ宣言は持続可能な発展の記述に埋まっている。リオの地球サミットがいかにこの考えに支配されたかを物語る。

（2）アジェンダ21

アジェンダ21は21世紀までに取るべき行動を書き上げた。いわゆる行動計画である。リオの地球サミットにおいて、環境と開発にかんする行動計画を採択することが目的とされた。この行動計画案は準備会議の段階で、アジェンダ21と呼ばれるようになった。21世紀にむけての具体的な行動計画を意味したからである。全文は800ページにおよぶ。貧困の克服から汚染の解決まであらゆる内容が盛り込まれている。

アジェンダ21を実施するためには、年間6,000億ドル（60兆円）の資金が必

第三部　思考的接近

要と見積もられている。先進国はこのうち100億ドルの拠出を求められている。アジェンダ21にかんしては、米国をのぞく先進工業国は、国内総生産の0.7％を政府援助とすること、および地球環境資金（GEF）によりおおく出資することを約した。アジェンダ21に対しては、成長の推進と環境保護をおりまぜた大風呂敷であるとする評価がある。また、先進国の持続可能的でない、生活様式には触れていない。むしろ先進工業国の生活様式が途上国の人々の目標となっている。しかし、60億人の世界人口が全部先進国の生活水準を採用すれば、地球の資源はたちまち枯渇し、汚染は壊滅的なものになる。先進国の生産形態、生活様式は、持続可能な発展の理念に合うとは考えられない。先進国は資源の食い潰しと汚染の増大にもっと多きな責任を負わなければならないのではないか。

（3）気候変動に関する国際連合枠組条約

「持続可能な経済成長の達成および貧困の撲滅という開発途上国の正当かつ優先的な要請を十分に考慮し、気候変動への対応については社会および経済の開発にたいする悪影響を回避するため、これらの開発途上国との間で総合的な調整が図られるべきであることを確認し、すべての国（とくに開発途上国）が社会および経済の持続可能な発展の達成のための資源の取得の機会を必要としていること」を前文でうたっている。

（4）生物多様性条約

前文：諸国が自国の生物多様性を保全することおよび持続可能な方法により生物資源を利用することについて責任を有することを再確認し、最終的には、生物多様性の保全および持続可能な利用が諸国間の有効関係を強化しおよび人類の平和に貢献することに留意し、生物多様性の保全およびその構成要素の持続可能な利用に関する既存の国際的取り決めを強化し、および補完することを希望し、……

このように「持続可能な発展」はリオの環境サミットを支配した。リオで

第17章　持続可能な発展

作られた文書に持続可能な発展は何度も出てくる。国連の経済社会理事会の機能委員会として「持続可能な発展に関する委員会」を作り、アジェンダ21の実施を監視する体制も整えられた。ブルントラント委員会の報告書「われら共通の未来」(Our Common Future) のなかで打ち出されたこの言葉が一世を風靡するのである。持続可能な発展はリオ宣言、アジェンダ21を貫く理論的支柱となった。

6．国際司法裁判所の判断

国際司法裁判所は、1997年にガビシコボ・ナギマロスダム計画（ハンガリースロバキア）事件の判決文のなかで、「持続可能な発展」とは、経済的開発と環境保護をうまく調和させる必要性を示唆する概念であると断じた。

7．ヨハネスブルグ―持続可能な発展にかんする首脳会議（サミット）

2002年8月26日から9月4日にかけて、国連は、ヨハネスブルグにおいて持続可能な発展の名のもとに首脳会議を主催した。191ヵ国の参加があった。リオ地球サミットで合意されたアジェンダ21の実施の点検が行われ、「ヨハネスブルグ宣言」と「実施計画」を採択した。[1]

8．リオプラス20（持続可能な発展に関する国連会議）

1992年のリオ地球サミットから20年、リオで採択したアジェンダ21の進捗を再評価するために再び国連会議を開いた（2012年6月20日～22日）。CSDが会議の準備にあたった。会議は「the Future we want」を採択した。貧困の克服と持続可能な発展、グリーンエコノミーが主要な内容となっている(www.uncsd2012.org, 2013.4.28)。持続可能な発展を実現するための行動と、結果を出すことが求められるとしている。

おわりに

ストックホルム会議での「開発と環境」の議論は途上国の開発への強い希望の中から出てきたのである。途上国は「環境問題はすなわち開発の不足に

より生じる」と主張したのである。先進工業国の作り出した汚染、資源枯渇への対策、すなわち環境政策が途上国の開発の妨げになってはならない。環境政策を口実とするODAの削減、貿易の制限は認められない。先進国の環境政策はあくまで、従来からある開発予算を削ることなく、増分の費用をあてなくてはならない。

「開発と環境」は1973年からはUNEPにより「環境と開発」と表現されるようになった。1983年には「環境と開発」に関する世界委員会が国連総会により設立され、この委員会が「持続可能な発展」の概念を打ち出した。これは「環境と開発」の議論を継承した概念であり、リオで開かれた地球サミットの諸決議、条約の主要な修辞法となった。そして経済学や国際法のなかでこの「持続可能な発展」がますます多く論じられるようになった。

「持続可能な発展」は環境と開発の不可分の関係を表している。抽象的な概念ゆえに多様な解釈が可能である。環境と開発を調和的に考えるのか、対立的に理解するのか。この関係性を考えることは地球のなかで人類がいかに生きるのかという問いにつながってくる。

注
　（1）www.johannesburgsummit.org, 2013.4.30.

参考文献
- 加藤一郎編『公害法の国際的展開』岩波書店、1982年。
- 原彬久編『国際関係学講義』有斐閣、1997年。
- 長谷敏夫『国際環境論』時潮社、2000年。
- The WORLD COMMISSION ON ENVIRONMENT AND DEVELOPMENT, "Our Common Future", Oxford University Press, 1987.
- Weizsaecker, "Earth Politics", p.100, zedbooks ltd., 1994.

第18章　予防原則の発展について

はじめに

　「地球に人は住まう」のであるが、その地球がますます生物にとって住みづらくなっている[(1)]。人間の環境への過剰な介入がその原因である。健康で安全な生活を維持するために新しい発想が環境法に求められている。

　予防原則は、生態学的危機に対応するために考えられた法律的概念である。予防原則は二つの方向で発展しつつある。第一の方向は、国際環境法の中での発展である。第二は、ヨーロッパ連合法、国内法の中での発展である。1992年、リオで開催された国連の環境と開発に関する会議（地球サミット）で採択されたリオ宣言の中でいわゆる予防原則がうたわれた。

　リオ宣言第15原則（予防的措置）環境を保護するため、国家により、予防的措置が其の能力に応じて広く適用されなければならない。深刻なまたは回復不能な損害が存在する場合には、完全な科学的確実性に裏づけられた知見の欠如が、環境悪化を防止するため効果的な措置を延期する理由として使用されてはならない。

　Pour protéger l'environnement, des measures de précaution doivent être largement appliqué par les Etas selon leurs capacities. En cas de dommages graves ou irréversibles, l'absence de certitude scientifique absolu ne doit pas server de prétexts pour remettre à plus tard l'adoption de measures effectives visant à prévenir la dégradation de l'environnement.

　本稿では、この予防的措置（予防原則）が国際法の中でいかなる意味を持つのかを原則の発展過程を追いながら考察したい。また、国際法の示唆によりこの予防的措置がフランスの国内法の中で発展する過程を追いたい。特にヨーロッパ共同体（Communautés Européennes、後のヨーロッパ連合）がマーストリヒト条約に、「予防原則」の採用を明記し、その後フランスが国内法により、予防原則を受容していく経過を追いたい。

　リオ宣言では、予防原則の文言は使用されなかったが、同時にリオ署名会

第三部　思考的接近

議で署名された気候変動枠組み条約、生物多様性条約では、リオ宣言と同じ言い回しがなされている。私は、その発想の同一性の特徴からこれらを一轄して予防原則と呼ぶ。

　まずは、国際的側面で予防原則が登場して環境条約に取り入れられるようになってきたが、いまだ明確性の面で不確実な法的概念の状態にある[2]。これに対して、マーストリヒトで1992年に改正されたローマ条約（欧州共同体を設立する条約）が予防原則を明記してから、予防原則はヨーロッパ環境法に定着したかに見える[3]。さらにフランス法においては、予防原則の受容と適用が進み、法規範として発展している[4]。

　環境法は環境を守るために形成されてきた。予防原則はこの環境法の中で、比較的に新らしい発想であり、新たな環境汚染の問題にたいして、効果的な対応を可能としてくれるのかどうか。

1. 国際法における予防原則

　国際的な文書として、予防原則の文言が始めて使用されたのは、1990年の国連欧州経済委員会（ECE）ベルゲン宣言であるとの指摘もあるが[5]、それ以前にも、モントリオール議定書、1987年11月に北海に関する国際会議で採択された宣言、ブルントラント世界委員会報告「我ら共通の未来」の予防原則の文言が見られる[6]。1980年代の終わりから、国際環境条約の中に予防原則の文言が入るようになった。

　ベルゲン宣言はEC加盟34ヵ国とヨーロッパ共同体環境委員長がノルウェーに集まり、1992年に開催の地球サミットに対応すべく開いた地域会議により採択されたものであった。

　「持続可能な発展を達成するためには、予防原則に基づくものでなければならない。…重大なまたは回復不能な損害の脅威がある場合には、完全な科学的知識の完全の欠如が、環境悪化の防止措置を遅らせる理由とされてはならない」

　リオ宣言第15条の規定では環境政策において科学的不確定性があっても、重大な損害のリスクが予測さる場合は、効果的な予防的措置を取るのを遅ら

すことになってはいけないと規定された。予防原則はたとえば下記の条約に明記されている。[7]

バマコ条約第4条3項(f)、気候変動条約第3条3項、国際水域に関するヘルシンキ条約第2条5項、ロンドン海洋投棄条約議定書第3条1項、生物多様性条約カルタヘナ議定書第10条6項および第11条8項、残留性有機汚染物質に関するストックホルム条約第1条など。

国際会議での宣言、決議、環境条約に予防原則の記載がめだつようになってきた。2000年1月採択の生物多様性条約カルタヘナ議定書の前文には「リオ宣言の原則15に規定する予防的な取り組み方法を再確認し」の文言がある。

国際法に登場した予防原則とは、環境上、重大なまたは、取り返しのつかないような損害のリスクが予想され、それが科学的に不確定であっても効果的な措置がとられるべきであるとする概念をさす。ルチーニは、国際法の予防原則を下記のように3つに要素に分けて説明している。[8]これは、ヨーロッパ環境法、フランスの予防原則にも当てはまると考える。

—完全な科学的確実性の欠如
—重大なまたは不可逆的な損害の恐れ
—予防措置の費用対効果の関係への配慮

（1）裁判規範としての予防原則の主張

国際裁判において予防原則の適用を求める主張が見られる。国際司法裁判所（ICJ）が扱ったガブチコボ・ナジマロス事件で、判決は持続可能な発展の原則に言及したものの、ハンガリーの主張した予防原則には沈黙を通した。1998年のアルゼンチン・パラグアイの紙パルプ工場事件でもICJは同様の対応をした。[9]

ヨーロッパ人権裁判所も、長い間予防原則を否定的に解してきたが、2009年1月27日のタタール vs. ルーマニア事件では、予防原則の適用に前向きな判決を下した。[10]

海洋法裁判所の複数の裁判での原告側は、予防原則の適用を主張している。クロマグロ事件（1999, New Zealand vs. Nihon, Australia vs. Nippon）、プ

ルトニウム混合燃料事件（220, Ireland vs. Breat Britain）では、裁判所は、裁判の当事者が「PrudenceとPrécaution」の考えをもって行動しなければならないと言明した。裁判所による「PrudenceとPrécaution」という表現は、予防原則の概念とは違うようである。海洋法裁判所は予防原則の採用をためらっているようである[11]。

米国では、人工的に合成された牛成長ホルモンを牛に注射することを認めている。その成長ホルモンが米国産牛肉に残留している。人工的に合成されたホルモン剤は、健康を脅かすものとして、ECでは禁止されてきた。このECの食料安全基準が米国の牛肉輸出を妨げているとして、米国はECをWTOに提訴した。

1998年WTOの上級裁定委員会は、ECの措置を、厳しすぎる安全基準を設けて、国際貿易を否定していると断じた。予防原則は特定の仮説による自然保護をはかるためのもので、国家の条約上の義務を否定しているとした[12]。次に米国産、カナダ産のOGM製品輸入禁止事件（米国 vs. EU、2006年、カナダ vs. EU）がある。WTOの特別委員会は、EUによる米国製、カナダ製のOGM製品27品目の流通禁止措置を非合法と判断した。WTOのSPS規定のリスク評価の規定に反するとしたのである。WTOは、疑わしいリスクの可能性の証明に対して、冷淡な態度を示した。つまるところ複雑性と科学的不確定性は市場に製品を流通させるのを遅らすことを正当化しないと断じた[13]。

（2）予防原則は慣習法か

予防原則が慣習法になったかの議論は既に出尽くしている、肯定説が有力化しつつあると松井芳郎は指摘する[14]。杉原高嶺は、学説判例は慎重論が有力であると指摘される[15]。ロラン・ルチーニは、予防原則は国際慣習法ではないと主張する[16]。この原則は、いくつかの国際条約により取り入れられているに過ぎない。予防原則は自然環境、天然資源、公衆衛生の場で有用な概念として存在する[17]。

ニコラ・ドサデレも国際裁判所とヨーロッパ司法裁判所の明確な違いに注目し、国際環境法における予防原則の未発達を認める[18]。

第18章　予防原則の発展について

　サンドンリン・ドブアは、全体として、ICJ、WTO、海洋法裁判所、仲裁裁判所の判事が、法の一般原則としての予防原則の適用に慎重な態度をしてきたと指摘している[19]。さらに米国が法の一般原則としての予防原則を国際交渉の場で、一貫として否定しているとのサンドリンの指摘に注視したい[20]。遺伝子組み換えトウモロコシの輸出に重大な利益を有する米国の場合、WTOのドーハラウンドの閣僚会議にあたって、米国代表団が、予防原則の採択に反対するよう、強い圧力を受けていたことが思い出される[21]。多数国間環境条約に予防原則が明記される事はすなわち、慣習法でないのでわざわざ明記すると解釈することも可能である。

　米国は気候変動枠組条約に加入し、またリオ宣言、アジェンダ21に賛成した。気候変動条約は予防原則をうたいアジェンダ21、リオ宣言は予防原則を導入している。この事は予防原則を繰り返し容認している事を示す。リオの地球サミットでは気候変動条約は161ヵ国が署名、生物多様性条約は170ヵ国が署名した。リオ宣言、アジェンダ21はコンセンサス方式で採択された。リオの地球サミットで予防原則が普遍的に認められたと解する事ができるのではないか。サンズは、慣習法として予防原則が認められている事は、国家慣行から導かれると主張する[22]。私は予防原則を国際環境法の慣習法と認めたい。

2．ヨーロッパ連合法における予防原則

　1992年12月にマーストリヒトで合意されたヨーロッパ共同体を設立する条約の第174条第2項は「共同体の環境政策は予防原則に基づく」と規定した。(2007年、リスボンで会議で改正され、ヨーロッパ連合運営条約第191条2項となる)ヨーロッパ連合法において予防原則は確固たる地位を得たのである[23]。

　EU委員会は、2000年2月2日、解説書（Communication）を発表、これをうけて、理事会は予防原則に関する決議を行う。この決議は、2000年12月7日〜9日にニースで開かれたヨーロッパ理事会の合意書の付属文書として入れられた。

　この決議は、予防原則がEUの機関および加盟国の行動に適用されるとした。加盟国の国内法に予防原則を入れることを要求する内容である。さらに、

条約の規定する「環境」のみならず「動物」、「公衆衛生」の分野にも予防原則を適用するとした。公衆衛生の分野では、予防原則はより強力に適用されている。[24] 2008年9月、ヨーロッパ議会は「ヨーロッパ環境衛生行動計画2004年〜2011年中間評価に関する決議」を採択した。携帯電話電磁波の暴露基準値を厳しく設定するようヨーロッパ連合加盟国に求める内容を含んでいる。[25]

2009年4月、さらに、「電磁波による健康影響の懸念」を採択した。携帯電話基地局は、学校、託児所、病院から距離を置く事、健康リスクの認識を高める具体的方法を示した。[26] これらの議会の決議は加盟国政府に規制を求める物である。

EUの裁判所は、環境の分野よりも健康の分野でまず予防原則を適用した。[27] EU司法裁判所は下記の定義を下した。[28]

Lorsque des incertutudes subsistent quand à l'existence ou à la portée de risques pour la santé des personnes, des measures de protection peuvent être prisés sans avoir à attendre que la réalité et la gravité de ces risques soient pleinement demontrées.

（訳）人の健康に関するリスクの存在または根幹に関して、明白性がなくとも保護措置をとる事ができる。そのリスクの現実性と深刻性が全面的に証明されなくても保護措置をとる事ができる。

EUの裁判所は、商品の自由流通、商工業の自由に優先して予防原則を直接適用した。裁判所は、予防原則を独立した原則と解釈し、共同体法の一般原則として、健康と環境に対する潜在的危険を防ぐべき適切な措置をとることを、経済的利益の保護に関する要請に優先してEUの諸機関に要請していると判示した（専門裁判所判決、Solvay vs. 理事会、2003年10月21日）。[29]

ヨーロッパ連合法では、予防原則が食品安全性の分野でも適用されている。これは、国際法の言う予防原則が環境の分野に限定されているのと対照的である。ヨーロッパ連合法における予防原則はマーストリヒト条約で明文で記入された指導原則であり、他のヨーロッパ連合の政策にも取り入れられた。食品の安全性に関する立法政策に合法性を与える手段として機能しているし、環境法の解釈の規範となっている。[30]

3．フランス国内法における予防原則

　フランスは、1995年、バルニエール法により、予防原則を明記した（Barnier法）。科学的確定性がない場合でも、重大かつ不可逆性の損害が生ずるリスクを防止するため、効果的かつ均整の取れた措置をとるべきと規定した。

　Le principe de précaution, selon l'absence de certitudes, tenu des connaisances scientifiques et techniques du moment, ne doit pas retarder l'adoption de measures effectives et propotionées visant à prévenir un risque de dommages graves et irréversibles à l'environnement à un coût économiquement acceptable. Code env. art. L-110-1

　（訳）予防原則は、科学的技術的に不確定な状況に於いても効果的かつ比例原則にのっとった措置の採用を遅らせてはならない。経済的に受け入れられない費用がかかるような環境に重大なかつ取り返しのつかない損害を防止するために措置が取られなければならない。

　バルニエール法から10年後、予防原則は憲法の条項として規定された。すなわち憲法の環境憲章第5条は、損害が重大かつ不可逆的な影響を及ぼす場合は、政府機関は予防原則を適用すべしと。環境憲章に予防原則を書き込むことについて論争があったが、当時のシラク大統領が介入して、予防原則を取り入れたのである。[31]フランスの環境憲章第5条の「重大かつ不可逆的損害」（des dommages graves et irréversibles）という言い回しは、リオ宣言、気候変動枠組み条約などの国際法、ヨーロッパ連合法の規定より、後退した言い回しになっているとの指摘がある。[32]リオ宣言第15章、気候変動枠組み条約第3条第3項の「重大または、不可逆的損害」（des dommages graves ou irréversibles）の規定と対象される。さらに国際法の「効果的な措置」（measures effectives）に対して、フランス憲章は、「暫定的かつ比例的な処置（measures provisoires et proportionées）と規定している。バルニエール法では、経済的な費用（coût économiquement acceptable）と規定されていたのが、「暫定的かつ比例的な処置」に書き換えられたのである。

　ヨーロッパ理事会や、司法裁判所は、「重大かつ不可逆的損害」を要求し

第三部　思考的接近

てはいない。「健康と環境に対する有害な効果が認知されたら、予防原則を適用するとしている。「最新の科学的評価がリスクについて不確定の状況において」予防原則を適用するとしている。

　予防原則は一般原則として直接的に適用される。立法を待つものではなく、法律や規則で予防原則が明記されているわけではない。むしろ、国際法や、ヨーロッパ連合法の中に、予防原則の記述がより多くみられる。生物多様性条約カルタヘナ議定書では、予防原則により、遺伝子組み換え農産物の輸入を拒否できるとの規定がある。

　予防原則は、行政政策の再形成により貢献している。

　また、裁判所判事は予防原則を適用して、科学的技術的に難しい事件を裁いている。判例が積みかさなってきた。

　行政裁判所は、農薬（Gaucho）事件では農業省の2004年7月12日の農薬Gauchoの登録取り消しを予防原則を適用として有効と認定した。他の案件では、行政裁判所は、反対の判断をしている。狂牛病事件では公衆衛生上のリスクがないとして、牛肉の流通禁止を無効とした（Nante控訴行政裁判所、2006年12月29日判決）。

　オルレアンの地方裁判所は、遺伝子組み替え植物を引き抜いた活動家を無罪とした。憲法に規定された予防原則により、行動が正当化されると判断した（2005年12月9日）。

　しかし、破棄院（上級裁判所）はこの判決を破棄した。民事事件においても、予防原則の適用により企業の責任を重くする方向に機能している。企業は危険防止とリスクの管理を求められ、より重い責任を負う方向にある。

　2008年8月26日、ナンテール地方裁判所は、携帯電話中継基地アンテナの建設、設置差し止めを求めた3人（3世帯）の請求を認め、各世帯おのおのに3,000ユーロの損害賠償金を支払うべき事と、中継アンテナの取り外しを命じた。原告の弁護士リシャー・フォルの主張した予防原則を適用し、携帯中継基地の差し止めを認めた判決である。フランスでの最初の判例である。被告ブイゲ・テレコム社はベルサイユ高等裁判所に控訴、2009年2月、棄却判決が下された。

第18章　予防原則の発展について

　2009年8月26日クレイの裁判所は、オランジュ社のパリ13区の中継アンテナの撤去を命ずる判決を下した。これには予防原則が適用された。オランジュ社は控訴して争っている。フランスでは憲法に予防原則を書き入れられ、それが裁判規範として機能し始めた。

おわりに
　国際法、ヨーロッパ連合法、国内法の中で、予防原則が取り入れられ、それぞれの領域で発展をしている。国際法においては、国際会議での宣言文、環境条約の中に予防原則の文言を入れる事が普通に見られる。しかし、ICJや海洋法裁判所は原告の予防原則の主張に対してその適用に消極的である。
　ヨーロッパ連合法では、1992年マーストリヒト条約の文言の中に、予防原則を書き込んだ。UEの機関、加盟国に対して予防原則の適用を促す事になった。UE法が加盟国の国内法に及ばす影響もフランスの事例に見るとおり強い物がある。
　フランスは、1995年バルニエール法により、予防原則を環境法の原則とすると規定した。さらに2005年、憲法改正により、環境憲章のなかに予防原則の採用を明記した。フランスでは、裁判規範として予防原則が主張されるようになった。安全性に関して科学論争が続く携帯電話電磁波、遺伝子組み替え植物の栽培に関する裁判において、予防原則が原告により主張され、裁判所がこれを是認する判決が下級審のレベルで見られる。
　このように予防原則は、それぞれの法秩序の中で、発展段階の違いから適用範囲、内容に差異が生じている。
　日本では環境保全や健康な生活を営む権利を主張する裁判において、フランスのごとき予防原則を根拠とする訴訟は、実定法上難しいのではないか。予防原則が実定法上いかなる状況にあるのかは別の研究に委ねるしかない。
　科学技術の応用により、生活が豊かに便利にはなった。しかし、人間は動物であって新しい科学技術が作り出す商品、サービスが生物毒を有する、あるいは発生させる事に無関心ではいられない。
　ガン患者、ガン死亡の増加、アレルギーの患者の増加は、環境的要因でし

第三部　思考的接近

か説明できないと指摘されている。科学技術のすばらしい側面のみに気を取られがちであるが、人体への影響に十分な配慮を求める事が忘れられてはならない。予防原則は人間の科学技術過信に対して、環境法を通じて政府、企業に慎重な対応を求める考えであり、環境法の重要な柱として、確立されなければならない。

　予防原則は環境法の新たな原則である。それは環境法の発展を示唆する。

　本章「予防原則の発展について」は秋月弘子他編『人類の道しるべとしての国際法』国際書院、2011年（655～670頁）に載せたものである。

注

(1) ハンスペーター・ペルドット「ハイデガーとエコロジー」ラッデル・マクヴォーター編『ハイデガーと地球』東信堂、2010年、p.28。

(2) 松井芳郎『国際環境法の基本原則』東信堂、2010年、p.104。

(3) Nicolas de Sadeleer, "Le Role Ambivalent des Principes dans la formation du Droit de l'Environnement: l'Example du Principe du Précaution", p.72, Colloque d'Aix-en Provence, Le Droit International face aux Enjeux Environnementaux, A.Padone, 2010.

(4) Sandrine Maljean-Dubois, "Quel Droit Pour l'Environnement ?" p.79, Hachette 2008.

(5) 松井芳郎『国際環境法の基本原則』東信堂、2010年、p.103。

(6) Laurent Lucchini, "Le Principe de Précautution en Droit International de l'Environnement; Ombre plus que Lumières", p.712, Annuaires Français de Droit International xlv, 1999.

(7) 磯崎博司「国際法における予防原則」『環境法研究』第30号、有斐閣、2005年、p.62。

(8) Laurent Lucchini, supra note 6, p.721.

(9) Nicolas de Sadeleer, supra note 3, p.64.

(10) ibid., p.65.

(11) ibid., p.66.

(12) Laurent Lucchini, supra note 6, p.727.

(13) Nicolas de Sadeleer, supra note 3, p.71.

(14) 松井芳郎、前掲書（注2）、p.135。
(15) 杉原高嶺『国際法学講義』有斐閣、2008年、p.371。
(16) Laurent Lucchini, supra note 6, p.730.
(17) ibid.
(18) Nicolas de Sadeleer, supra note 3, p.75.
(19) Sandrine Maljean-Dubois, "Quel Droit Pour l'Environnement ?" p.76, Hachette 2008.
(20) ibid.
(21) 長谷敏夫「国際問題としての遺伝子組み換え食品」東京国際大学国際関係学部編、第8号、2002年、p.42。
(22) Cameron, Abouchar, "The Status of the Precautinary Principle in International Law", p.37, D.Freestone and E.Hey (eds.) "The Precautionary Principle and International Law", 29-52, Kluwer Law International, 1996.
(23) Sandrine Maljean-Debois, ibid., p.77.
(24) Nicolas de Sadeleer, supra note 3, p.71.
(25) 矢部武『携帯電磁波の人体影響』集英社新書、2010年、p.158。
(26) ibid., p.159.
(27) Sandrine Maljean-Dubois', supra note 19, p.77.
(28) Nicolas de Sadeleer, supra note 3, p.72.
(29) Sandrine Maljean-Dubois', supra note 19, p.77.
(30) Nicolas de Sadeleer, supra note 3, p.75.
(31) ibid., p.79.
(32) ibid., p.78
(33) ibid., p.79.
(34) ibid., p.89.
(35) ibid., p.80.
(36) ibid., p.81.
(37) ibid.
(38) ibid., p.82.
(39) ibid.
(40) At http://www.robindestoits.org/4-la-Justice-r3.htm/2011.1.14.

第三部　思考的接近

(41) 矢部武『携帯電磁波の人体影響』集英社新書、2010年、p.161。
(42) 大塚直『環境法』有斐閣、2010年、p.56。
(43) Dominique Belpomme, "Ces Maladies Créés par l'Homme", Albin Michel, p.30, 2004.

第19章　環境倫理

　環境破壊の進む中で、人間はいかに考え行動すべきかを問うのが環境倫理である。今のまま流されていけば破局に進むしかないことは1972年の「成長の限界」や「2000年の地球」で明らかにされていた。環境倫理はひとつの思考方法、考え方である。この考え方にもとづいて生活様式、行動を環境を損わないようにすることができる。

　本章では3人の思想と行動を紹介する。第一はアルネ・ネスに始まるディープ・エコロジー（Deep Ecology）である。第二は日本で環境保護運動を展開している槌田劭の考えの紹介である。第三はハイデガーに学んだ哲学者達の環境問題の解釈をめぐる議論を紹介する。

1．ディープ・エコロジー
（1）アルネ・ネス

　アルネ・ネス（Arnes Naess）は1912年、オスロの裕福な家庭に生まれた。フィヨルドと山へよくでかけた。二人の兄のように経済学を学ぶ。ネスは27歳のとき、オスロ大学の哲学教授に任命される。ノルウェーの北極圏に山小屋を建てる。これがネスの家となる。1930年岩登りをノルウェーに紹介した。スキーと山歩きを愛した。またヒマラヤの登山家となる。7,692メートルのヒンズークシに初めて登った。

　ネスは1969年オスロ大学を退官した。定年まで大学に留まらなかった。退職後、環境哲学の研究を進めた。ネスは非暴力の抵抗運動に参加した。ガンジー主義の非暴力を実行した。ナチスドイツのノルウェー占領や巨大開発計画に対する反対運動に参加した。暖かい心のこもった友情とユーモラスで多彩な趣味、知識、自然と真理にかんする情熱的な愛、公正さと心の広さは多くの人を魅了した。

　ネスの二人の兄の一人はニューヨークに住む。もう一人は、バハマで船主として生活している。ネスはおいの一人を養子にした。この息子はダイアナ・

第三部　思考的接近

ロスと結婚した。

　1973年にネスの最初の論文がアメリカに紹介された。1980年代になるまでディープ・エコロジーはほとんど知られなかった。カリフォルニア州にいたジョージ・セッションとビル・デビルが初めてネスのディープ・エコロジーに注目し、北アメリカに紹介したのが始まりである。ネスは、2009年1月死亡した。[1]

（2）ディープ・エコロジー

　ディープ・エコロジーとは何か。ネスの説明は、浅いエコロジーと深いエコロジーとの対比によっている。経済成長と技術革新による環境保全をめざしているのが浅いエコロジーである。森林の科学的管理、若干の生活様式の変化をめざしている。たとえばリサイクル活動など。これはわたしたちの価値観や世界観に対し何ら根本的な問いをすることがない。社会文化制度や個人の生活様式を検討することもない。この技術的方法はディープ・エコロジーとはっきり区別される。

　ディープ・エコロジーは社会的文化的制度、集団的行動、生活様式を根本的に変えてしまうことをめざしている。

①汚染

　汚染にたいし浅いエコロジーは技術的に空気と水の浄化をめざす。汚染を拡散させる。法律により排出基準を決める。汚染工場は海外移転させる。深いエコロジーは生物全体の立場から汚染を考える。単に人間への影響のみを考えない。生物を全体的に考え、すべての生物の生存条件を考える。ディープ・エコロジーは汚染の深い原因にたいして戦う、表面的、短期的な対策ではない。

②資源

　浅いエコロジーは人間のための資源を強調する。豊かな社会に住む現代の世代のための資源を考える。地球の資源はそれを開発する技術者に所属する。

資源価値は少なければ上昇し、多ければ下落する。植物、動物、自然物は人の資源としてのみ価値がある。使い道がなければ破壊してもよいと考える。

これに対しディープ・エコロジーは資源や自然界は存在それ自体が価値があると考える。自然の物は資源だけと考えてはいけない。そのことは生産と消費の方法についての批判的評価につながる。生産と消費の方法の拡大がどの程度人の価値を高めるのか。それが不可欠の必要性を満たすのか。経済的、法律的にまた教育制度は破壊的生産増大に対しいかに変革されるべきか。資源の利用がいかに生活の質にかかわるのかを考える。消費拡大による生活水準の向上よりも「生活の質」を考えるのである。

③人口

浅いエコロジーは過剰人口の脅威は開発途上国の問題として考える。自国の人口増加を喜び、経済力、軍事力の理由で人口増加を望ましいとする。人間の最適人口は他の生物の最適人口を考えることなく議論される。人口増による野生生物の住む土地の減少は不可避の必要悪として受け入れられる。動物の社会的関係も無視される。地球人口の実質的な減少は望ましいとは考えられていない。

ディープ・エコロジーは地球の生命に対する過度の圧力は人口増加によると考える。工業社会の圧力が主な原因であり人口減少が優先されなければならない。

④文化的多様性と適性技術

西洋工業国のような工業化が開発途上国の目標と考えられている。西洋諸国の技術の受容は文化的多様性と矛盾せず、また工業化してない社会の文化的差異を過小に考えている。

ディープ・エコロジーは工業社会の侵略から非工業化社会の文化を守ることを考える。非工業化社会の目標は、工業社会の生活様式と同じものになることではない。深い文化的差異は生物の多様性と同じで、大切にされなければならない。西洋の技術の影響は限定されなければならない。途上国は外国

第三部　思考的接近

の支配から保護されなければならない。地方的な小さな技術は技術革新の際に十分に評価されなければならない。

　⑤土地、海の倫理
　風景、生態系、川、他の自然は、部分に分割され全体として考えられない。これらの部分は個人、団体、国の所有物として考えられる。保護は多面的使用、費用便益分析の点から考えられる。資源開発の社会的費用、長期的、地球的費用は考えられない。野生生物管理は将来の世代のために自然を残すものと考えられる。土壌汚染、地下水汚染は人的損害と考えられ、技術開発を信仰しているので、深い変化を不必要と考える。
　ディープ・エコロジーは地球を人類の物と考えない。ノルウェーの景観、川、植物、動物界、領海はノルウェーの財産でない。北海の下にある油田もいかなる国、いかなる人間にも所属しない。地域を囲むただの自然はその地域に属さない。
　人間はその土地に住み不可欠の必要をみたすために資源を使うのみである。人間の不可欠でない利益と非人間の不可欠の利益が衝突するとき、人間は非人間の不可欠の利益を優先すべきである。生態学的破壊は技術によって修復できない。今日の工業社会の傲慢な考えは反省されなければならない。

　⑥教育と科学研究
　環境の悪化と資源の枯渇は経済成長を維持しつつ健康な環境を守るための助言をする専門化をたくさん養成することを要求している。経済成長が破壊を不可欠とするなら、地球を管理するための技術を必要とする。科学研究は物理、科学などハードサイエンスの研究を優先しなければならない。
　ディープ・エコロジーはまともな環境教育が行われるなら、教育はもっと消費的でない商品にも注意を払うべきである。そのような商品はすべての人々に十分に配分さるべきである。価格を過度に強調することに反対する。

（3）ディープ・エコロジーの生活様式

ディープ・エコロジーの支持者の生活態度と傾向を要約する。
- 質素な方法を取る。目標に達するのに不必要で複雑な手段を取らない。
- 本質的な価値をもつものに直接かかる行動を優先させる。単にぜいたく、本質的価値のないもの、根本的目標から離れたことに関する行動を避ける。
- 反消費主義、個人の所有物を最小にすること。
- すべての人に楽しまれる物にたいする感心度を高める。
- 新しいものに対する低い関心。新しいものに飛び付くことをしない。古い使い慣れたものを愛する。
- 本質的価値のある状況に生きる。単に忙しいことより、行動する。
- 多種族、他文化を楽しむ。脅威と感じない。
- 第三、第四世界の状況に関心をもつ。
- 普遍的な生活様式をとる。他の人間、植物動物に不正義を働くことなくして維持できない生活様式を求めない。
- 深さと経験の豊かさを求める。
- 生活をするための仕事でなく意味ある仕事を尊び選ぶ。
- 複式生活（ややこしい生活でない）をする。肯定的経験をできるかぎりするような生活をする。
- 利益社会でよりも共同社会で生活する。
- 第一次的生産に携わるか、尊重する。小規模農業、林業、漁業など。
- 基本的必要を満たす努力。欲望を満たすのでない。気分転換のために買物をする欲望を押さえる。所有物を減らし、古いものを好み、とくによく保存されたものを愛する。
- 美しいところを尋ねるのではなく、自然の中に住む。旅行を避ける。
- 傷つきやすい自然の中では、軽く、傷つけない。
- すべての生命形態を愛する。単に美しいもの目立つもの、役立つものを愛するのでない。
- 手段としてのみ生命体を利用しない。資源として使うときは。本質的価

値や威厳を考えて。
- 犬、猫と野生生物の利益が対立するときは、後者を支持する。
- 地方の生態系を守る努力をする。個々の生命体のみならず、その共同体をエコシステムの一部として。
- 自然に過度の干渉をしない。不必要、不合理なことをしない。自然を破壊する人を責めず、行為を責める。
- 決然と行動する。卑怯な行動はしない。戦う時、言葉と行動は非暴力で。
- 他の行動が失敗したら、非暴力、直接行動に訴える。
- 菜食主義が望ましい。

（4）おわりに

ネスの哲学書は出版されていないものも多く、雑誌や新聞の記事として埋もれている。ネスの哲学的業績はノルウェーを除く哲学界にはあまり知られていない。しかし、ディープ・エコロジーへのネスの業績についてはその名は国際的である。環境哲学と環境運動家の間ではネスは中心的な存在となっている。環境哲学とパラダイムを開発した業績は、特に20世紀の哲学者のもっとも大切な人物としての評価が与えられなければならない。

2．ある環境倫理の主張—槌田劭

槌田劭はひとつの環境倫理を主張している。その思想は実践と不可分に結びついている。

（1）使い捨て時代を考える会

1973年、槌田劭は「使い捨て時代を考える会」を結成した。20人余りの有志が集まった。古紙の回収から始め、石けん、ミカン、平飼いの卵、有機的農法による産物と取り扱い品目を広げていった。会員は消費者と生産者双方となっている。本会は共同購入を目的とする生活共同組合運動ではない。有機農産物を扱うのは、食物を通して現在の生活を考えるためである。考える素材としての農産物であるという位置づけをしている。

会員が増加してくる状況のもとで、いかに運動を継続するかについての議論から、株式会社の設立が提案された。会員農家から町に生活する消費者をつなぐ組織として株式会社の形を取ることが提起されたのである。こうして1975年に株式会社安全農産センターが設立された。

最初は貸し倉庫に数代のトラックを配置して会社は操業をはじめた。農家に作物をトラックで取りにゆき、翌日各グループに配送する方式が取られた。各グループは5〜8世帯からなり、配送された野菜を分け合う方式が取られた。価格は、年間の供給量とともに生産農家が十分な所得を得られる額に決められる。輸入品は生産者の顔が見えないこと、多大なエネルギーを使い輸送するムダがあることから扱わない。

2013年、会は40周年を迎える。安全農産供給センターは土地、建物を所有するまでになり、8台の2トン積みトラックと11人の専従職員を配するまでになった。会員数2,000人、共同購入グループ560を数える。年商5億円の規模である。週一回の配送は、食物のみならず、印刷物により情報ももたらされる。

使い捨て時代を考える会は多くの主婦の活動により支えられている。反原発、リサイクル、遺伝子操作食品反対などについての運動が本会の会員により継続されている。

（2）槌田劭の生い立ち

槌田は1935年、大阪に生まれ、戦争中、福井県に疎開した。父は槌田龍太郎（農学者）であり、戦後、化学肥料の利用に反対した。槌田は朝鮮戦争での日本の復興を体験した。京都大学で金属物理学を学び、ペンシルヴェニア大学に留学したのち、京都大学工学部の助教授となる。60年代の終わりに全学共闘会議が大学の権威に挑戦した時、槌田におおきな転機が訪れた。学生の投げた石が頭にあたったこともあった。

次男がアトピーで苦しんだ。オムツを合成洗剤で洗っていた。2年ほどしてその原因が合成洗剤とわかったことから、親としておおいに反省することがあったという。

こうした体験から、世の中がおかしい、何かしなければいけないと思うようになった。この世の中は金本位で動き、人々は病み、将来の世代に負担をかけているのでないかと悩む。ヤマギシ会の愛農高校で学ぶ。世間から離れて世直しするのでなく、町の中の生活の中で世を変えることはできないものかと考えた。その考えから使い捨てを考える会が生まれたという。

1979年、槌田は京都大学を辞任した。京都大学は物を造ることしか教えないと槌田は思った。京都大学の卒業生は社会の第一線にたって活躍している。しかし、それはものを作った後の仕事を習ってないので、むしろ社会的な問題を作り出しているにすぎない。このような大学に自分を置いておけないと考えたからである。槌田は京都精華大学に移ったのである。そこの大学の偏差値は高くないが、学生はのびのびしている。一流大学に入り、一流企業に就職するのが幸せかという疑問があるとも言う。

槌田は滋賀県の山地を開墾し、4反百姓を目指す。そして農家登録をした。

（3）主張
①人間尊重の生活主義

「生きる必要を越えた過大な欲望を抑制しない限り破局は防ぎようがない」としても自分の現実を顧みた時ため息をつくという。小さな抑制をしたぐらいではいまの破壊的な文明は止まらないほど巨大である。「人間は抑制しうるか」という問題に関係している。自動車に乗らずに生きることは難しい。原則として新幹線に乗らないといっても時には乗ってしまう。「ひとりひとりの努力だけでは地球環境の破壊は防げない。」「ひとりひとりが解決しなければならない」と理屈をこねてもしかたがない。危機の解釈と解決に明け暮れるのもおもしろくない。生きた生活の現実と自分たちひとりひとりの生きる幸せを離れて道徳を語るのもむなしい。日常の中の小さなこだわりから、自分たちの幸福をまず大事にしたいと主張する。

暖かい感情をもってやさしい人間の生き方を中心に考える。現在の人間はけっして幸せに生きてはいない。金儲けしか考えない激しい競争をしている。上昇思考に乗りお金と地位を求めるあまり、自由とのびやかさのある生活を

第19章　環境倫理

忘れている。お金と地位追求の競争に明け暮れている「危険な錯覚」で動く社会が地球環境を破壊している。

あくせくと金に追われている世界から抜け出せば、その程度において人は幸福になりうると主張した。槌田は京都大学を辞めて幸せと言う。京都大学では四苦八苦しながら上昇思考に乗る他に道はないと考えていた。自然の中に生きている生きもの達は自由で自立している。そういった道を大切にしたいと。

②農業中心

食べることが大切なのはそれが基本的必要性の問題であるからである。食物を作る農業が大切なのは当然である。しかし、金銭中心の世の中では農業では生きられない。この状態からの脱却が必要である。農家と消費者は協力して助け合い幸せに生きることが大切である。

化学肥料、農薬づけの農業から有機農業へと自然に近く生きる。

土を離れコンクリートの箱に身を置き、地上高く寝る無理や金属の箱に身をまかせ空中に浮き上がる無理をしている。事故が発生しても自助不能な自然界に身をおいている。そんな危険とひきかえに文明の利便を楽しんでいるのではないか。その文明は金もうけのために拡大発展してきた。自然界の生きた世界はコンクリートや金属の密室も大地から足を離す無理もない。自然は生きている。緑の世界は、大地に根を張って生きている。この緑の世界が動物たちの生存を保証してきた。人間の生存もまたこの緑のおかげであり、豊かに生きる大地のおかげである。われわれの前に2つの道がある。金属、コンクリートの箱の中に孤独を選ぶのか、地に足つかぬ文明と金儲けに走るのか。はたまた多種多様の生きものが共生する緑に囲まれ、地に足をつけて生きるのか。

3．ハイデガーと地球

マルティン・ハイデガー（Martin Heidegger）は、1889年生まれのドイツの哲学者で、『存在と時間』Zein und Zeit で有名となった。1933年フライブ

第三部　思考的接近

ルグ大学の学長になった事からナチズムとの関係を疑われ、1945年大学を追われた。名誉回復は、1954年である。1976年に亡くなった。フランス、日本、アメリカではハイデガー研究がさかんで現在でも多くの研究が毎年発表されている。

　2009年トロント大学出版会から『ハイデガーと地球』第2版が出版され、2014年その日本語訳が東信堂から出版される[2]。11人のハイデガー研究者が地球との関わりを語った。ハイデガーは「人は地球に詩的に住まう」とのヘルダーリンの詩の引用から、現代の生活が詩的でないと指摘した。特にすべてを数字に還元してしまう還元主義を問題視している。ハイデガーは、現題の人類の生活が存在を忘却していると語った。下記では、ハイデガーに学んだ哲学者四人の考えを要約した。

（1）スイス、チューリッヒの医師ハンスペーター・パドルットはハイデガーのツオリコーンセミナーに参加し、ハイデガーから多くを学んだ。ハンスペーターはハイデガーの思考がエコロジー運動に大きな影響を及ぼしていると指摘する[3]。エコロジーと現象学の合致が循環への回帰であると。直線的還元論は現題の主流であるところ、客観的主観主義は近視眼にすぎず、存在を忘却している。

（2）ケニス・マリーは地球思考の変革を主張する。地球を人間のものと見なし、管理する現代の人類の生き方が環境問題を引き起こしている。世界と隔絶し孤独に生きる西洋の生き方が問題を引き起こしているのである。これに対して地球と人間は一体であり、強くつながっていると考え、地球を友として生きる道がある[4]。

（3）『ハイデガーと地球』の編者であるラッデル・マクヴォーターとゲイル・ステンスタッドは郊外にある大学の芝生の上で対話し、現代の食の問題を論じた[5]。今日、農業の工業化が進行している。石油を使って遠いところから食材を運んでくるようになった。そして身近な食べ物に無知である。巨大企業が食料の供給を独占し、地球や人の健康が無視されている。さらに歴史的、環境関的な無関心の根源を明らかにし、行動し、食べるという動物的な関係性の謎を問うた。雑草を食べる行

為が過激な運動となる。それは、顕われと隠しの地球を再認識する事につながる。
（４）ゲイル・ステンスタッドは闇としての地球を拒否する事が、破滅的な結末を生む事になると言う。闇としての地球への帰属の望みが別の道としてある。地球の顕われと隠されと共にある事が必要である。帰属の望みは、詩、絵画、建築を含む人間の言語において、また生き方においてかなえられる。

エコロジカルに、ハイデガーの考え方の中で考えようとする時、「地球」を考える事はほとんど「死」を考える事を意味する。人間のみならず、この惑星の生きるすべての物、生きている惑星そのものの滅亡を意味している。時間を失ってはならない。私たちは、変化のために働き、解決を求め、食欲を抑制し、期待を減速し、問題を誰の能力でも解けないほど大きくなる前に、治療法を見つけなければならない。

しかし、この緊急事態の中で、エコロジカルに、ハイデガー的に考えることとは何か。それは、人間について考え直す事を意味する。西洋的な管理的アプローチを問いつめ、技術的介入を好む私たちの性向、人間の認識能力に対する信仰、自然に対して人間を上位に置く形而上学への加担を問いつめる事を意味する。ハイデガーとともに考える事は、私たちの意志を解除するよう決意する事を意味する。

ハイデガーの思考は、速やかな解決を求めて急ぐ事のないように、熟考をやめて決定を求める行動をしないよう求めている。何らかの準備やあらかじめ決められた目的なしに考える事を求めているのである。

注
（１）www.fr.wipedia.org.Arnenaes, 2013.4.30.
（２）Ladell McWhoter and Gail Stenstad, (eds), **"Heidegger and the Earth"**, 2nd expanded edition, Toronto University Press. 2009.
（３）Hanspeter, Padrutt, "Heidegger and Ecology", p.17, **"Heidegger and**

the Earth", 2nd expanded edition, Toronto University Press. 2009.
（4）Kenneth Maly, "Earth-Thinking and Trasformation, **Heidegger and the Earth**", 2nd expanded edition, Toronto University Press. 2009, p.45.
（5）Ladell McWhoter und Gail Stenstad, "Eating Ereignis or: Conversation on a Suburban Lawn", **"Heidegger and the Earth"**, 2nd expanded edition, Toronto University Press. 2009, p.215.
（6）Gail Stenstad, "Down—to—Earth Mystery", **"Heidegger and the Earth"**, 2nd expanded edition, Toronto University Press. 2009, p.236.
（7）Ladelle McWhoter und Gail Stenstad, Editors' "Introduction", **"Heidegger and the Earth"**, 2nd expanded edition, Toronto University Press. 2009.

参考文献
- George Sessions ed., "Deep Ecology for the 21st Century". Sahmbhala, 1995.
- Doregsson and Inoue, ed. "The Deep Ecology Movement: An Introductory Anthology", North Atlantic Books, 1995.
- 槌田劭『破滅に至る工業的』樹心社、1983年。
- 槌田劭『自律と共生』樹心社、1994年。

第20章　環境研究について

はじめに
　1970年代は、環境庁の設立、公害立法の増加で始まり、裁判所は、環境汚染の責任を巡る訴訟を多く扱う事態が生じた。人間の作り出す物質により大気、水、土壌、食料が著しく汚染され、多くの問題をかかえるようになった。汚染の影響が直接人間にふりかかるようになり、個人的対応ではとうてい解決できない状態にたち至り、こうして環境会議が毎月のように開催される時代となったのである。21世紀を迎えて事態はいっそう深刻となってきた。
　このような社会状況の中で学界はいかにこの問題を扱っているのだろうか。近年多くの若い人達が、環境問題に関心を示しその研究を志すようになってきた。それではどのように研究をすすめていけばよいのかという疑問がよく出されるので、これに示唆を与えられれば幸いである。この小論では、環境問題の研究の方法について考察を進めたい。

1．研究の始まり
　私自身、環境問題の一側面を特定の観点から研究してきた。1960年代の終わりごろは、ベトナム反戦運動、全学共闘会議の運動で大学はその存在を深刻に問われていた。この時代に私は大学の教養学部にいた。そこには環境問題の特別の科目があるわけでもなかったが、国際法の専攻過程のなかで環境に興味を有するに至った。私の背景はこのようなものであるので、環境問題を十分に記述し、分析する能力が私自身にあるのかどうかという疑問を常に持ってきた。
　私の環境研究の遍歴から始めたい。私は、在学中国際法を専攻し、海洋汚染の問題を卒業論文の対象にした。海洋の油による汚濁が国際社会の関心事となり、国際法の分野において汚染防止のための規制が条約の締結という形で形成されつつあった。海洋汚染防止のための条約法がその当時存在し、また一部の国により効果的な対策を取る動きがみられたのである。私は国際法

第三部　思考的接近

専攻という形で大学を卒業した。ちょうどその年の6月、ストックホルムで国連環境会議（1972年）が開かれた。海洋汚染の問題は主に政府間海事機関（IMCO）の管轄であったが、この会議でも当然触れられた。ストックホルム会議では、広範に環境問題を取り上げた。採択された人間環境宣言は、「人類はいまや歴史の転回点に達した」と謳う。海洋の汚染というのは、全体の中の問題のひとつにすぎないということを私に自覚させた会議であった。この会議によって私の関心は環境問題全体へと広がった。私は国際法の理論研究へと移らないで、環境問題そのものを研究対象とするようになったのである。

大学卒業後、私は京都市役所に採用され、22年間そこで行政の実務にたずさわった。私の問題関心は、ごく自然に地方の問題に移っていった。仕事をはじめてまもなく、神戸大学で日本行政学会（1974年春期大会）が開かれ、中村紀一氏の「住民運動試論」の報告を聞いたことがきっかけで、住民運動と環境、地方が私の中で結びついた。

さらにその頃、環境法を活発に研究していた人間環境問題研究会（加藤一郎会長）に参加を許された。国際法の研究をしている人も参加してほしいというこの研究会の要請があったようである。この会は、国内法のほか外国法、政策的課題も研究しており、参加により私の興味は持続し、環境研究を継続することができた。市役所では、決して環境担当部局で仕事をしたことはなく、環境研究は純粋に課外活動であり趣味の世界であった。ともかくも私は住民運動、地方の環境政策を中心に研究を続けることができた。人間環境問題研究会では、民法や行政法の先生の多い中、私の研究は必ずしも法律学的なものではないし、むしろ、政策論に近い形での環境問題の接近方法をとってきた。

市役所に就職してまもなく、1973年、カナダのヨーク大学環境大学院の修士課程に入学が決まるも、公務員の職を失うことになるので、留学を断念した。1989年の10月には、ベルギーのゲント大学法学部環境法セミナーを訪問する機会を得た。フランドル地方政府の招待によるものであった。1991年には、フルブライト若手研究員の資格で、イェール大学環境・森林学研究科を

訪問した。市役所に勤めながら、年1回は、研究を論文にまとめ出版してきた。

　1995年4月から、国際関係学部（新設、東京国際大学）に勤めることになり、市役所を退職した。環境研究を専門にすることになったことで、もっと異なった視点、分析方法により、環境の研究ができないものかと思うようになった。

　また、状況の変化の影響もあると思う。1970年代は地域的な汚染問題が中心であった。そして1980年代後半になると環境問題はいっそう深刻化した。二酸化炭素の排出は増える一方であるし、有毒物質は地球各地に拡散し続けている。人間の行動、生活の方法を変化をさせなければ、解決につながらないことがはっきりしてきたのである。地方の問題のみの研究にとどまることはもはやできない状況にあるのである。

2．各専門分野での取り組み

　生態学は生物学の一分野としてハイエッケルにより創始された。1866年ごろのことである。生態学を「生物とそれを取り囲む環境との関係を研究する科学」とハイエッケルは定義した（引用、Padrutt, H., "Heidegger and Ecology", p.14, in a book Heidegger and the Earth, ed.by McWhoter, 1992. The Thomas Jefferson University Press, 1992.）。1970年代になり、環境問題が顕在化すると、生態学は急に注目を浴びることになる。その意味も生物学上の狭義のものから、もっと広い意味で使われはじめた。生態学の発想が特に現代の要請に合致したのである。

　生物学は生態学の母である。生物の研究は、環境問題の解明に不可欠である。昆虫学や植物学などいろいろの分野がある。レイチェル・カーソンは、海洋生物学を学び、農薬による環境汚染を告発する『沈黙の春』を1962年に刊行した。

　農学もまた同様であり、自然保護と自然の管理の分野の研究において大きな位置を占める。その一分野の林学は森林管理に不可欠である。

　医学は、直接には、人間の健康、生命を研究する学問であるが、汚染によ

第三部　思考的接近

り人体が影響を受ける今日、その実体を明らかにすることがまず要請されている。既に公害を巡る裁判では、疫学が重要な位置を占めるに至った。水俣病の研究においては数百の博士論文が書かれた（原田正純『水俣病は終っていない』p.219、岩波新書、1985年）。千葉大学医学部の森千里は環境ホルモンの人体への影響を研究しているし、ベルポムは、環境汚染によってガン患者が増え続けていると断定する。[1]

　工学とりわけ都市計画、衛生工学も環境と深く関わり研究が進められている。土木工学においても、防災中心の考えから環境重視へと脱皮がはかられるようになった。

　社会科学の分野では、法律学、社会学、経済学、行政学、政治学、経営学、教育学の中で、環境問題の研究が進められている。法律学ではまず汚染の被害者の救済という観点から民法の不法行為の解釈論が発展した。また公害規制法の研究が進み環境法という法学の一分野が成立するに至った。1973年に設立された人間環境問題研究会はおもに環境法を研究する学者の団体として活動してきた。本会の創立者の加藤一郎、森島昭夫、野村好弘は多くの研究を促進した。『環境法研究』（有斐閣）を年1回発行してきた。2013年に第38号が刊行された。

　人間環境問題研究会の国際法グループは、国際環境法の研究に会の発足当時から関わってきた。この研究会に加わっていた布施勉、鷲見一夫、岩間徹、磯崎博司、橋本博らは、国際環境法という新しい分野を確立しつつあった。このグループは1982年に岩波書店より『公害法の国際的展開』を刊行した。

　1973年にシューマッハは『Small is beautiful』を著した。彼は経済学の諸前提を環境問題に照らし、主流派経済学に疑問を表明した。特に自然資源のうち、再生不可能資源（石炭、石油）は埋蔵量が決まっており、使えばその分が消滅する性格の資源であるところ、経済学はこれを将来の世代に残すべき貴重な資源とは考えず、単に価格によりこれらの需給量が決まるとする。彼はこの経済学の考えに対して異議を唱えたのである。さらに、シューマッハは物的欲望を最大限に満たすことを主眼とする近代経済学を批判した。しかし、シューマッハの批判は受け入れられる事なく非現実的と見做されてき

第20章　環境研究について

た。1980年代後半になり、環境問題を考慮に入れた経済学を作ろうとする経済学者が出てきた。すなわち環境経済学の誕生である。1995年12月には、環境経済学・政策学会が発足した。2002年、岩波講座『環境経済・政策学』全8巻が刊行された。佐和隆光（京都大学）、吉田文和（北海道大学）、寺西俊一（一橋大学）、植田和弘（京都大学）ら環境経済学の研究者集団が編集した。この出版は環境経済学の発展を物語っている。

2006年2月に他界した都留重人は経済白書を最初に担当された著名な経済学者であるが、早い時期から公害問題に経済学者として取り組んだ（朝日新聞夕刊2006年2月9日、宮崎勇）。宇沢弘文は理論経済学の大家であるが、環境問題にも鋭い分析を加えた。

社会学においても、1990年環境社会学会が結成された。機関誌『環境社会学研究』を発行し、年2回の研究集会を開催するなど活発な研究活動をしている。地域の問題としての環境をとらえ、住民運動の研究に実績を上げている。飯島伸子、富山和子、鳥越皓之、舩橋晴俊らは、環境社会学の確立に貢献する研究を継続した。

行政学は、環境問題に対応して行政組織の在り方、環境政策の形成過程の分析、またその執行上の問題点の分析を通じて環境問題にとりくんできた。この問題に対応する組織としての政府、自治体の役割を研究する行政学者もいる。日本行政学会や、1996年6月に結成された公共政策学会の取り組みが期待される。1973年に行政学で博士号（南カリフォルニア大学）を取得した宇都宮深志は、『開発と環境の政治学』の題で、環境問題の政治過程を分析した（宇都宮深志著、1976年、東海大学出版会）。中村紀一は行政と住民との関わりあいという観点から、環境問題を分析した（中村紀一、『住民運動"私"論』、1976年、学陽書房）。

教育学の立場から、環境問題をいかに教え、人間行動を環境保全に資するように改めるという試みがなされてきた。環境基本法は、環境教育の必要を説き、文部省は学校における環境教育の研究を始めた。1,000人以上の会員を有する環境教育学会は、注目に値する。YMCAや民間団体も環境教育に取り組み、プログラムを開発している。

第三部 思考的接近

　経営学や企業論の立場からは、いかに企業をグリーン化するか、また環境をそこなわないで事業を展開できるかの観点から研究が進められている。企業の中に環境部を設け対応しているところが増えてきた。環境監査制度、環境報告書の作成など企業の取り組みが課題となっている。
　哲学の課題としての環境問題に取り組む人々がいる。環境倫理がその一例である。環境倫理は、自然の生存権、世代間の公平、地球全体主義を主張する。元鳥取環境大学学長の加藤尚武は『環境倫理学のすすめ』(丸善ライブラリー、1991年)で、哲学者からの取り組みを明らかにした。アーネスト・ネスの主張するディープ・エコロジーも人間の根本的な生き方、考え方の変革をせまる。
　ジャーナリストの世界でも環境問題に深くかかわる人々がいる。朝日新聞にいた木原啓吉、石弘之、読売新聞の岡島成行、毎日新聞の原剛 (いずれも当時)、ラムサールセンターの中村玲子は、著名な環境記者である。
　京都の市民運動団体『環境市民』は、環境教育、環境問題の頭脳集団をめざして1992年に結成された。500人の会員を擁する。環境に関する分野の専門家が有機的に結びついて問題を総合的に理解することを可能としている。

3．環境教育への挑戦

　小中学校における環境教育の試みはいまだ実験段階であり、特別なカリキュラムが組まれているわけではない。青森県の中学高校の大多数が、国立公園八甲田山に毎年集団登山をするという。自然に親しみをもたせるねらいの企画であろうが、これら大集団の登山者により脆弱な山上の植物群が踏み固められ、ハゲ山はひろがっている (八木健三『北の自然を守る』p.178、北大刊行会、1995年)。家庭においては家族で自然の中へと、四輪駆動車を野山に乗りつけ、自然が豊かにのこった土地を踏み固め、ゴミをすてて行くような行動が目立つ。自然はいいと言いつつ積極的にこれを破壊している風潮は、子供にどのような影響をあたえているのであろうか。
　1990年代になり日本の大学では、環境関連学部の設立があいついだ。滋賀県立大学環境科学部、長崎大学の環境科学部、立正大学の地球環境学部、鳥

取環境大学の環境情報学部と環境学部、東京都市大学環境学部、大東文化大学環境創造学部など学部の新設の一例である。既存の学部のなかにも環境論や環境問題等の科目の新設も顕著である。担当教員は、自然科学を専攻した人もいれば、社会科学者もいる。法学部における環境法、国際環境法、経済学部における環境経済学、社会学部の環境社会学のカリキュラムが見られる。ゼミ形式で環境の研究を指導する学部もある。

　さらに専門的に環境問題を学びたい場合は、大学院ということになる。上智大学、北海道大学、筑波大学、名古屋大学、京都大学は環境研究をめざす大学院を設置した。これら大学院は自然科学系、文科系の二つのカリキュラムを有している(京都大学の人間・環境学研究科は自然科学系、文科系両方のカリキュラムをそろえている。さらに2002年「地球環境学堂／学舎」を設置した。この地球環境学大学院は、地球益、地球親和、資源循環を理念とする。87の講座と192人の教員を擁する)。[2] 環境学の名を冠する大学院はいまだその歴史は浅く、さきに述べた各学問分野の環境問題にたいする研究の現況を反映して、各専門分野の科目の寄せ集めの域を出ていないのではないかとの印象を私は有する。また、大学院の研究科が環境の名を冠していなくとも環境問題の研究は可能であり、専攻分野によってはそのほうが望ましい場合もある。

　上記の日本の情況は1970年代に米国、英国、カナダの大学で環境関連大学院が多く新設された事と対比される。イェール大学の林学・環境大学院、インディアナ大学の公共政策・環境大学院、デューク大学のニコラススクールなどの例がある。カナダのヨーク大学の環境科学大学院、英国のイーストアングリア大学の環境科学大学院などが知られている。

おわりに

　環境学が独立した学問というためには、単一の原理が必要であり、日本の環境学は既存の学問の寄せ集めであり、全体の構図はない。純粋科学として扱うのはむつかしいと、沼田真氏はのべられる(『環境学』p.15、朝日新聞社、1994年)。私もまったく同感である。既存の専門分野のなかに環境を対象とする分野があると考える方が正しい。

第三部　思考的接近

　1つの問題対象にたいして、複数の方法論や認識方法があってもよいのではないかと、私は考える。大切なことは問題解決にどれほど貢献できるかということである。環境研究は実践的課題を負っている。

　ハイデガーはかって環境の問題解決は、東洋哲学ではなくこれを作り出した西洋文明によらなければならないと言明した。同様に私は、今日の文明の問題は学問の作り出した物であるから、やはり学問でこれを解決しなければならないと考える。環境問題研究はその役割を担うものである。

注
　（1）Dominique Belpomme, "Ces Maladies Créées par l'Homme," Albin Michel, 2004, p.30.
　（2）www.ges.Kyoto-u.ac.jp.「大学院の紹介」2013.8.31.

著者紹介　長谷敏夫（はせ・としお）

1949年　京都市生まれ
1973年　国際基督教大学大学院行政学研究科卒業
1995年　東京国際大学国際関係学部教員　現在に至る。

著　書

「ドイツとベルギーの脱原発政策」『環境管理』2013年12月号
「予防原則の発展について」秋月弘子他編『人類の道しるべとしての国際法』横田洋三先生古稀記念論文集、国際書院、2011年
『日本の環境保護運動』東信堂、2002年
『国際環境論』時潮社、1999年

訳　書

リチャード・フォーク『顕れてきた地球村の法』東信堂（川崎孝子と共訳）、2008年
ラッデル・マクヴォーター『ハイデガーと地球』東信堂（佐賀啓男と共訳）、2010年

イラストレーター　桐谷望美

1982年　埼玉県生まれ
kiriyanozomi.com

国際環境政策

2014年4月5日　第1版第1刷　　定　価＝2900円＋税

著　者　長　谷　敏　夫　ⓒ
発行人　相　良　景　行
発行所　㈲　時　潮　社

〒174-0063　東京都板橋区前野町4-62-15
電　話　03-5915-9046
Ｆ　Ａ　Ｘ　03-5970-4030
郵便振替　00190-7-741179　時潮社
Ｕ　Ｒ　Ｌ　http://www.jichosha.jp
E-mail　kikaku@jichosha.jp

印刷・相良整版印刷　製本・仲佐製本

乱丁本・落丁本はお取り替えします。
ISBN978-4-7888-0694-8

時潮社の本

国際環境論〈増補改訂〉

長谷敏夫　著

Ａ５判・並製・264頁・定価2800円（税別）

とどまらない資源の収奪とエネルギーの消費のもと、深刻化する環境汚染にどう取り組むか。身のまわりの解決策から説き起こし、国連を初めとした国際組織、NGOなどの取組みの現状と問題点を紹介し、環境倫理の確立を主張する。

実践の環境倫理学

肉食・タバコ・クルマ社会へのオルタナティヴ

田上孝一　著

Ａ５判・並製・202頁・定価2800円（税別）

応用倫理学の教科書である本書は、第１部で倫理学の基本的考えを平易に説明し、第２部で環境問題への倫理学への適用を試みた。現在の支配的ライフスタイルを越えるための「ベジタリアンの理論」に基づく本書提言は鮮烈である。『唯物論』（06.12, No.80）等に書評掲載。

2050年自然エネルギー100％

エコ・エネルギー社会への提言　増補改訂版

フォーラム平和・人権・環境　編　藤井石根　監修

Ａ５判・並製・280頁・定価2000円（税別）

環境悪化が取りざたされる近年、京都議定書が発効した。デンマークは、2030年エネルギー消費半減をめざしている。日本でも、その実現は可能だ。その背景と根拠を、説得的に提示。「原油暴騰から」を増補。「大胆な省エネの提言」『朝日新聞』（05.9.11）激賞。

エコ・エコノミー社会構築へ

藤井石根　著

Ａ５判・並製・232頁・定価2500円（税別）

地球環境への負荷を省みない「思い上がりの経済」から地球生態系に規定された「謙虚な経済活動」への軌道修正。「経済」と「環境」との立場を逆転させた考え方でできあがる社会が、何事にも環境が優先されるエコ・エコノミー社会である。人類の反省の念も込めての１つの結論と見てとれる。

時潮社の本

食からの異文化理解
テーマ研究と実践
河合利光　編著
Ａ５判・並製・232頁・定価2300円（税別）

食は、宗教、政治、経済、医療といった既成の縦割り区分にとらわれず、しかもそれらのいずれとも関わる総合的・横断的なテーマである。この食を基軸にして、異文化との出会いを、人文、社会、自然科学の各方面から解き明かす。読書案内、注・引用文献の充実は読者へのきめ細かな配慮。

世界の食に学ぶ
国際化の比較食文化論
河合利光　編著
Ａ５判・並製・232頁・定価2300円（税別）

世界の食文化の紹介だけでなく、グローバル化と市場化の進む現代世界で、それが外界と相互に交流・混合し、あるいは新たな食文化を創造しつつ生存しているかについて、調査地での知見を踏まえ、世界の食と日本人がどのように関わっているかについて配慮しながら解説。各テーマを、「世界のなかの自文化」に位置付けながら、世界の情勢を踏まえてまとめている。広い視野から平易に解説する。

家族と生命継承
文化人類学的研究の現在
河合利光　編著
Ａ５判・並製・256頁・定価2500円（税別）

人間の生殖、出生、成長、結婚、死のライフサイクルの過程は、自己と社会の生命・生活・人生の維持・継承の過程、及び家族・親族のネットワークと交差する社会文化的なプロセスの問題である。その軸となる家族と親族的つながりを、本書では「家族と生命（ライフ）継承」という言葉で代表させた。研究の手がかりとなる文献目録、用語解説ならびに参照・引用文献を充実！

時潮社の本

自然保護と戦後日本の国立公園
続『国立公園成立史の研究』
村串仁三郎 著
Ａ５判・上製・404頁・定価6000円（税別）

戦前日本の安上がりで脆弱な国立公園制度の成立を解明し好評の前著に続き、戦後国立公園制度が、戦前の構造を引継いで復活してくる過程を解明し、自然保護の砦としての国立公園の役割を上高地、尾瀬、黒部など主要国立公園内の電源開発や他の開発計画に対する反対運動を実証的に分析する。

確かな脱原発への道
原子力マフィアに勝つために
原 野人 著
四六判・並製・122頁・定価1800円（税別）

未曾有の災害、福島原発。終息の行方は見えず、政府は被害を一方的に過小に見積もり、被災者切り捨てがはじまる。汚染物質処分の見通しさえ立たず、思考停止に陥った現状をどう突破するのか。本書は従来のデータを冷静に分析、未来に向けた処方箋を示す。

高齢化社会日本の家族と介護
──地域性からの接近──
清水浩昭 著
Ａ５判・上製・232頁・定価3200円（税別）

世界に類を見ない高齢化社会の淵に立つ日本にとって、介護など社会福祉の理論と実務はもはや介護者・家族ばかりでなく、被介護者にとっても「生きるための知恵」となりつつある。現在を網羅する制度と組織を理解するための格好の一冊。

現代福祉学概論
杉山博昭 編著
Ａ５判・並製・240頁・定価2800円（税別）

高齢化や階層化が急速に進む日本社会でいま、注目される社会福祉の現在に焦点をあて、そのアウトラインから先端までを平易に解説。現代社会福祉の先端に深くアプローチする。